广东省水利行业专业技术人员培训系列教材

风暴潮灾害应急管理技术

梁志松 编著

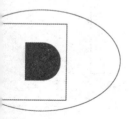

中国水利水电出版社
www.waterpub.com.cn

内 容 提 要

　　本书重点讨论风暴潮灾害的基本概念和发生原因，以及风暴潮灾害应急管理体系的构建、应急预案编制和应急处置的相关问题。主要内容包括：风暴潮灾害基本概念和防灾、减灾情况、风暴潮灾害应急管理的主要内容、风暴潮灾害应急管理体系与相关决策、风暴潮应急管理能力的建设等方面的内容，在最后，通过列举风暴潮灾害应急管理的案例，系统地介绍了风暴潮灾害应急管理工作各方面的内容。

　　本书可以作为政府公共管理相关领域工作人员的培训教材，也可作为研究灾害应急管理人员的参考书。

图书在版编目（CIP）数据

风暴潮灾害应急管理技术 / 梁志松编著. -- 北京：
中国水利水电出版社，2013.7
　　广东省水利行业专业技术人员培训系列教材
　　ISBN 978-7-5170-1057-9

　　Ⅰ．①风… Ⅱ．①梁… Ⅲ．①风暴潮－自然灾害－灾害管理－技术培训－教材 Ⅳ．①P731.23

中国版本图书馆CIP数据核字(2013)第158856号

书　　名	广东省水利行业专业技术人员培训系列教材 **风暴潮灾害应急管理技术**
作　　者	梁志松　编著
出版发行	中国水利水电出版社 （北京市海淀区玉渊潭南路 1 号 D 座　100038） 网址：www. waterpub. com. cn E-mail：sales@ waterpub. com. cn 电话：(010) 68367658（发行部）
经　　售	北京科水图书销售中心（零售） 电话：(010) 88383994、63202643、68545874 全国各地新华书店和相关出版物销售网点
排　　版	中国水利水电出版社微机排版中心
印　　刷	三河市鑫金马印装有限公司
规　　格	170mm×240mm　16 开本　7.5 印张　138 千字
版　　次	2013 年 7 月第 1 版　2013 年 7 月第 1 次印刷
印　　数	0001—4500 册
定　　价	**30.00 元**

凡购买我社图书，如有缺页、倒页、脱页的，本社发行部负责调换

本书编委会

主　　　任：林旭钿

副　主　任：邱德华　李秋萍　何承伟

成　　　员：江洧　　王　伟　林进胜　钟如权　邓莉影
　　　　　　刘志标　胡振才　蔡　庆　贺国庆　吴学良
　　　　　　卢志坚　吴俊校　朱　军　李观义　黄本胜
　　　　　　陈芷菁

项目负责人：黄其忠　陈燕国

项目组成员：梁志松　张　云　谭　渊

提高预防和处置突发性公共事件能力
为构建社会主义和谐社会提供保证

——《广东省水利行业专业技术人员培训系列教材》总序

张德江

　　党的十六届六中全会做出《关于构建社会主义和谐社会若干重大问题的决定》，这是以胡锦涛同志为总书记的党中央站在新的历史高度做出的重大战略决策，是我们党在新世纪新阶段治国理政的新方略，对我们党团结带领全国各族人民，树立和落实科学发展观，全面建设小康社会，加快推进社会主义现代化具有十分重要的意义。

　　构建社会主义和谐社会，关键在党，核心在建设一支高素质的干部队伍。广东要在构建社会主义和谐社会中更好地发挥排头兵作用，必须培养造就一支素质高、作风好、能力强的干部队伍。实践证明，培训是提高干部素质和能力的最有效手段之一。各级党委、政府要十分重视干部培训教育工作，认真落实中央提出的大规模培训干部、大幅度提高干部素质的战略任务，坚持以马克思列宁主义、毛泽东思想、邓小平理论和"三个代表"重要思想为指导，全面贯彻落实科学发展观，紧紧围绕党和国家工作大局，逐步加大干部培训投入，完善干部培训制度，加强干部培训考核，按照胡锦涛总书记提出的"联系实际创新路、加强培训求实效"的要求，努力开创培训教育工作新局面。

积极预防和妥善处置突发公共事件，是维护人民群众利益和社会稳定，构建社会主义和谐社会的重要任务，是对各级党委、政府执政能力的现实考验。我省正处于改革和发展的关键时期，必须把积极预防和妥善处置突发公共事件摆在突出位置，认真抓好。

广东省人事厅组织省直单位编写突发公共事件应急管理培训系列教材，是一项具有战略意义的基础性工作。要利用好这套教材，对全省公务员和专业技术人员开展全员培训，提高预防和处置突发公共事件能力。

各部门、各单位要以对党和人民高度负责的态度，精心组织培训，全省公务员和广大专业技术人员要积极参加培训，我们共同努力，为建设经济强省、文化大省、法治社会、和谐广东，实现全省人民的富裕安康而奋斗！

2007 年 1 月 3 日

前　言

风暴潮灾害应急管理是突发海洋灾害事件管理的重要内容之一，是防灾减灾的重要课题。本书根据现代危机应急管理的模式，以风暴潮灾害的预警和预报、风暴潮灾害的应急准备、应急响应，以及灾后恢复重建四个方面为主线，在总结防灾减灾经验的基础上，系统地分析了突发风暴潮灾害事件的类别、危害等特点，对风暴潮灾害事件的预警和预报、应急预案编制、应急反应机制、灾后重建，以及应对灾害能力建设等方面进行了全面的阐述。同时，对我国近年来的风暴潮灾害应急管理的案例进行了分析，既有理论基础，又兼顾较强的实用性，对突发风暴潮灾害的应急管理具有指导作用。

本书是根据广东省人事厅制定的公务员和专业技术人员培训计划的要求，按照《国家突发公共事件总体应急预案》的编制大纲，由广东省水利厅组织编写的。本书既适应广东省水利系统公务员培训的需要，也可作为广东省水利系统防灾减灾相关技术人员继续教育的参考教材。

本书为"突发公共水危机事件应急管理及处理技术"系列丛书之一，由梁志松同志主编。系列丛书由广东省水利厅科技与外经处组织编写，陈燕国、张云同志具体负责书稿编审的组织管理工作。

在本书编写过程中，广东水利水电科学研究院黄本胜副院长和广东水利电力职业技术学院贾建业教授，作为广东省灾害应急管理专家提供了许多宝贵的意见和建议。河海大学岑威钧副教授也给予了大力支持和提出了宝贵建议。此外，还参考了许多文献和专著。在此，我们一并谨向他们和相关的作者表示衷心的感谢和致以崇高的敬意。

由于编者水平有限，书中难免存在疏漏之处，恳请读者批评指正。

编　者

2013 年 5 月于广州

目 录

第一章

绪论

第一节 风暴潮灾害与我国防灾减灾概况

第二节 我国风暴潮灾害突发灾害事件应

急管理概况

第三节 本书主要内容概述

第一节 风暴潮灾害与我国
防灾减灾概况

一、风暴潮概念

海洋是人类在地球上赖以生存和发展的重要区域，但同时也是孕育多种海洋灾害的温床，如暴潮、海上狂风巨浪、海啸、海水等，其中风暴潮灾害占据特大自然灾害的首位。

风暴潮是指由强烈大气扰动，如热带气旋、温带气旋和强冷空气等天气系统产生的强风和气压骤变所招致的海面异常升高的现象，也可以称风暴潮为"风暴增水"、"风暴海啸"或"气象海啸"。在我国历史文献中多称为"海溢"、"海侵"、"海啸"和"大海潮"等，并称风暴潮灾害为"潮灾"。

风暴潮是一种重力长波，其空间范围一般由几十千米至上千千米，时间周期约为 1~100 小时，介于地震海啸和低频天文潮波之间。有时，风暴潮的影响区域随大气扰动的移动而移动，因而一次风暴潮过程可能影响 1~2 千米的海岸区域，影响时间达数天之久。

风暴潮不总是表现为海面异常升高，有时在相反的气象条件下也会产生海面的异常下降，致使大片海滩裸露，有人将这种现象称为负风暴潮或风暴减水。

风暴潮的大小用风暴潮的高度来表达。风暴潮的高度与台风或低气压中心气压低于外围的气压差成正比例，中心气压每降低 100 帕，海面约上升 1 厘米。较大的风暴潮，特别是风暴潮和天文潮高潮叠加时，会引起沿海水位暴涨、海水倒灌、狂涛恶浪、泛滥成灾。沿海验潮站或河口水位站所记录的海面升降通常为天文潮、风暴潮、（地震）海啸及其他长波振动引起海面变化的综合特征。一般验潮装置已经滤掉了数秒级的短周期海浪引起的海面波动，但要想从验潮曲线中准确地分离出风暴潮是比较困难的，这是由于天文引潮力和气象强迫力的共同作用使海水运动产生了非线性耦合，实际水位不是两者简单的线性叠加。试验结果表明，在大潮差的浅海中，这种非线性效应表现得特别严重。不过，目前国内外仍采用实测潮位与正常天文潮位的代数差的方法计算风暴潮高度，如图 1-1 所示。

可以通过建在岸边的验潮站监测到的海面高度来计算风暴潮高度。我国从北到南分布着 300 多个验潮站，但由于海岸线漫长，地理环境复杂，因此这样的监测密度还远远满足不了防灾减灾的需求。为了更好地做好风暴潮的监测预警工作，需要逐渐在沿岸增加验潮站的数量。

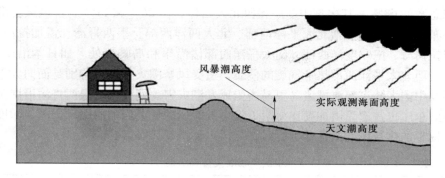

图 1-1　风暴潮高度示意图

按诱发大气扰动的特性，风暴潮分为由热带气旋所引起的台风风暴潮（或称为热带风暴风暴潮，在北美称为飓风风暴潮，在印度洋沿岸称为热带气旋风暴潮）和温带气旋等温带天气系统所引起的温带风暴潮两大类。台风风暴潮多发生于夏秋季节，其特点是来势猛、速度快、强度大、破坏力强。凡是有热带气旋影响的海洋国家、沿海地区均有台风风暴潮发生。温带风暴潮多发生于春秋季节，夏季也时有发生，其特点是增水过程比较平缓，增水高度低于台风风暴潮，主要发生在中纬度沿海地区，以欧洲北海沿岸、美国东海岸以及我国北方海区沿海。

二、全球风暴潮灾害及防灾减灾情况

风暴潮灾害居海洋灾害之首位，世界上绝大多数因强风暴引起的特大海岸灾害都是由风暴潮造成的。全球有八个热带气旋（台风、飓风）多发区，即西北太平洋、孟加拉湾、东北太平洋、西北大西洋、阿拉伯海、南印度洋、西南太平洋和澳大利亚西北海域。这些地区常遭受热带风暴潮侵袭而致灾。位于温带气旋附近的地区也都容易受到风暴潮的侵袭。西北太平洋是台风最易生成的海区，全球台风有 1/3 左右发生在这个海区，强度也是最大的。西北太平洋的沿岸国家中，我国是受台风袭击最多的国家之一，因而也是遭受风暴潮灾最重的国家之一。从历史资料看，我国每隔三四年就会发生一次特大风暴潮灾。

风暴潮对人类造成的严重灾害受到各国政府的关注，中国国家海洋局依国内外风暴潮专家的意见，一般把风暴潮灾害划分为四个等级，即特大潮灾、严重潮灾、较大潮灾和轻度潮灾，见表 1-1。

1. 国际风暴潮及灾害情况

在国外，风暴潮灾害严重的国家主要有孟加拉、印度、美国、日本、英国、荷兰等。太平洋是全球最适于台风生成的地区，该地区生成的台风占全球总数的 63%；其次是印度洋和西北大西洋，占 26% 和 11%。台风风暴潮分布最为广泛，包括北太平洋西部、北大西洋西部、墨西哥湾、孟加拉湾、阿拉伯海、南印度洋西部、南太平洋西部诸沿岸和岛屿等处。如日本沿岸，因受西北太平洋西部热带气旋的侵袭，遭受风暴潮灾颇多，特别是面向太平洋及中国大陆东部海域诸岛更易遭受风暴潮灾害。同样，在墨西哥湾沿岸及美国东岸也常遭受由加勒比海附近发生的飓风的侵袭而酿成飓风暴潮。印度洋发生的热带风暴通常称为旋风，旋风也易诱发风暴潮。

表 1-1　　　　　　　　　　　　中国风暴潮灾害等级表

等　级	特大潮灾	严重潮灾	较大潮灾	轻度潮灾
多年灾情	死亡 1000 人以上或经济损失数亿元	死亡数百人或经济损失 0.2~1 亿元	死亡数十人或经济损失千万元左右	无死亡或少数死亡或经济损失数百万元
超警戒水位参考值（m）	>2	>1	>0.5	超过或接近警戒水位

温带风暴潮都发生在中高纬度地带的沿海国家。在亚洲，除中国外，朝鲜、日本也很容易遭受温带风暴潮灾害。在欧洲，最易遭受温带风暴潮灾害的为地处北海和波罗的海沿岸一带的一些国家，如英国、比利时、荷兰、德国、丹麦、挪威、波兰、俄罗斯等国。

美国地处中纬，也是一个频受风暴潮危害的国家，其东海岸以及墨西哥湾沿岸濒临大西洋，在夏秋季节多发生飓风暴潮，濒临大西洋的东北部沿岸则以冬季的温带风暴潮为主。特大飓风暴潮约每隔四五年发生一次，每次损失均高达数亿美元，1969 年登陆美国的"卡米尔"（Camille）飓风，在密西西比州的帕斯克里提安附近的一个观测站曾记录了 7.5 米的潮高值，创造了美国最高风暴潮位记录，"卡米尔"台风风暴潮给美国的墨西哥湾沿岸造成了巨大的损失，死亡 144 人，经济损失达 12 亿 8000 万美元。2005 年 8 月"卡特里娜"飓风引发的风暴潮灾害造成美国新奥尔良经济损失高达 1500 亿美元，死伤数千人。重创后的新奥尔良要完全恢复到受灾前的状况，至少需要数十年的时间。

孟加拉国邻近印度洋，位于孟加拉湾的海岸呈喇叭口状，面向印度洋，极易受风暴潮的侵袭。1970 年 11 月 13 日发生一次震惊全球的特大风暴潮灾害，风暴增水超过 6 米，导致恒河三角洲带约 30 万人丧命，溺死牲畜 50 万头，100 多万人无家可归，是亚洲地区近百年来最严重的一次海洋灾害。时隔 10 年后的 1981 年又发生一次严重风暴潮，由于预报及时，采取了有效措施防范，死亡人数和灾害程度大大降低。但是又隔了 10 年后，1991 年 4

月又发生的一次特大风暴潮，巨浪高达 6 米多，孟加拉国吉大港淹没水深达
2 米，在发出热带气旋及风暴潮警报的情况下，该风暴潮仍然夺去了 13 万
人的生命，受灾人口达到 1000 万，至少造成 30 亿美元的经济损失。

日本伊势湾顶的名古屋一带，由于地理位置和海底地形条件很适合风暴
潮的成长，在 1959 年 9 月 26 日发生日本历史上最严重的风暴潮灾害，伊势
湾一带沿岸水位猛增，最大风暴增水曾达 3.45 米，最高潮位达 5.81 米，强
台风引起的激浪汹涌地扑向堤岸，导致 60 万户民房被毁，损失船舶近 3 千
艘，造成 5180 人死亡，伤亡合计 7 万余人，受灾人口达 150 万，直接经济
损失近 10 亿美元（当年价）。

温带风暴潮和台风风暴潮的特征虽然有所不同，但引起的灾害几乎没有
什么区别。荷兰、英国、俄罗斯的波罗的海沿岸，都是温带风暴潮的易发区
域。1953 年 1 月 31 日至 2 月 2 日，欧洲北海沿岸一次强温带风暴潮，使水
位高出正常潮位 3 米多，洪水冲毁了防护堤，在 24 小时内，英国就有 300
人被淹死，2.4 万栋房屋遭受严重破坏，海水内侵荷兰 60 多千米，淹没荷
兰 2.5 万平方公里的土地，夺走了 2000 人的生命，60 多万人无家可归，经
济损失达 2.5 亿美元。

2. 我国的风暴潮及灾害情况

随着沿海经济的发展快速，我国已经成为世界上包括风暴潮在内的海洋
灾害最严重的国家之一，灾害造成的经济损失仅次于内陆洪涝和风沙等灾
害。仅"十五"期间，我国共发生风暴潮、海浪和赤潮等各类海洋灾害 706
余次，因灾死亡人数（含失踪）1164 人，直接经济损失达 633 亿元之多，
已占到全部自然灾害损失的 10%，其中 90% 以上是风暴潮灾害造成的。

在我国，几乎一年四季均有风暴潮及灾害发生，夏秋两季盛行台风风暴
潮，冬春两季常发生温带风暴潮，并遍及整个中国沿海，其影响时间之长，
地域之广，危害之重均为西北太平洋沿岸国家之首。我国风暴潮发生频率
高，比多风暴潮的日本大 5 倍以上。平均每年出现超级警戒水位参考值 1 米
以上的风暴潮 14 次，从南到北所有沿岸均会发生。

温带风暴潮的成灾地区集中在渤海、黄海沿岸，其南界到长江口。台风
风暴潮的成灾区域几乎遍及整个中国沿海。我国风暴潮在发生频率和强度上
都有明显的季节变化。较大温带风暴潮主要发生在晚秋、冬季和早春。较大
温带风暴潮集中在 11 月至翌年 4 月的半年时间内，占总数的 82.1%。台风
风暴潮尤以 7 ~ 9 月这三个月最为集中，占全年总数的 75.6%，这段时间发
生的台风风暴潮强度也较大。

在中国历史上，因风暴潮灾造成的生命财产损失触目惊心。发生于清代
1782 年的一次强温带风暴潮，曾使山东无棣至潍县等 7 个县受害。1895 年

4月28日、29日，渤海湾发生风暴潮，毁掉了大沽口几乎全部建筑物，整个地区变成一片泽国，"海防各营死者2000余人"。

1922年8月2日一次强台风风暴潮袭击了汕头地区，造成特大风暴潮灾。据史料记载和我国著名气象学家竺可桢先生考证，在这次灾害中，有7万余人丧生，更多的人无家可归，流离失所。这是20世纪导致我国死亡人数最多的一次风暴潮灾害。据《潮州志》载，台风"震山撼岳，拔木发屋，加以海汐骤至，暴雨倾盆，平地水深丈余，沿海低下者且数丈，乡村多被卷入海涛中"。"受灾尤烈者，如澄海之外沙，竟有全村人命财产化为乌有。"汹涌的潮水伴随着狂风巨浪沿150多千米的海岸线冲毁进堤围，侵入内陆达15千米。该县有一个1万多人的村庄，死于这次风暴潮灾的竟达7000多人。当地政府对此不闻不问，结果流行病横行，又死了2000多人。记录到的这次风潮潮位高出平时高潮面3.65米，台风风力超过了12级。

据统计，汉代至1946年的2000年间，我国沿海共发生特大潮灾576次（表1-2），一次潮灾的死亡人数少则成百上千，多则上万乃至十万之多。

表1-2   **1949年新中国成立前风暴潮概况**

朝　代	年　限	灾年数
汉代	公元前48～公元220年	7
三国两晋、南北朝	220～589年	22
隋、唐	590～907年	22
五代十国	908～960年	2
宋代和辽、金	961～1279年	72
元代	1280～1368年	41
明代	1368～1644年	180
.清代	1645～1911年	213
民国	1912～1946年	13
合计		576

1949年新中国成立后，几乎每年都有潮灾发生，重灾平均每两年一次，也有一年中多次受灾，严重的风暴潮灾往往造成多个省（直辖市、自治区）同时遭灾，造成了巨大的经济损失和人员伤亡。据不完全统计，新中国成立后（1949～2007年）共发生黄色以上级别的台风风暴潮217次，橙色以上118次，温带风暴潮黄色以上级别63次，橙色以上12次。其中，浙江、广东、福建是沿海各省风暴潮灾害过程最多、最严重的省份，这三个省风暴潮灾害约占总数的65%。

1956年第12号强台风"温黛"（Wanda）引起的特大风暴潮，使浙江省淹没农田 40 万亩，死亡人数 4629 人。1969 年第 3 号强台风"维奥娜"（Viola）登陆广东惠来，造成汕头地区特大风暴潮灾，汕头市进水，街道漫水 1.5～2 米，潮阳县的 5 米宽、3.5 米高、8.5 千米长的牛田洋围海大堤被冲垮，在当地政府及军队奋力抢救下，仍有 1554 人丧生。但与 1922 年同一地区相同强度的风暴潮相比，死亡人数减少了 98%。1964 年 4 月 5 日发生在渤海的温带气旋风暴潮，使海水涌入陆地 20～30 千米，造成了 1949 年以来渤海沿岸最严重的风暴潮灾。黄河入海口受潮水顶托，浸溢为患，加重了灾情。莱州湾地区及黄海口一带人民生命财产损失惨重。另一次是 1969 年 4 月 23 日，同一地区的温带风暴潮使无棣至昌邑、莱州的沿海一带海水内侵达 30～40 千米。

　　1992 年 8 月 30 日至 9 月 2 日，我国沿海大部分地区遭受到近百年来罕见的特大风暴潮袭击，福建至河北沿海，先后有 8 个验潮站 13 次潮位创下新中国建立后的最高，同时沿线又有 70 个站次超过当地警戒水位，使我国东部沿海地区处于危险潮位时期。这次风暴潮强度大、持续时间长、影响范围广。受灾重都是近百年来少有的。强度大主要是引起的增水值大，在南北几十千米岸线上的最高潮位都先后超过有观测记录以来的最高值；持续时间自 8 月 30 日福建开始受潮灾影响，潮灾逐渐向北推进，至 9 月 1 日河北省、天津市沿海地段相继受害，前后历时 65 小时之久，这是少有的；影响范围波及南北五省二市 2000 多千米岸线区域。这次登陆的台风强度并不特别大，在福建登陆时最大风力为 11 级，但 10 级大风半径很大，作用范围广，台风登陆进入福建省长乐县时，远在千里之外的江苏连云港外海风力已达 8～9级，受灾损失约在 60 亿元以上，远远超过历次风暴潮灾的损失。潮灾给沿海养殖业、渔业、盐业带来的损失是惊人的，有 500 多万亩养殖场、50 万亩盐田、2000 多万亩农田被毁，损坏船只近 5000 艘，摧毁房屋 4 万余间。崩决海堤 700 多千米，死亡 227 人。

　　新中国成立 60 年中，尽管沿海人口急剧增加，但死于潮灾的人数明显减少。这不能不归功于我国社会制度的优越和风暴潮预报警报的成功。但随着涉海城乡工农业的发展和沿海基础设施的增加，承灾体的日趋庞大，每次风暴潮的直接和间接损失却在加重，据统计，中国风暴潮的年均经济损失已由 20 世纪 50 年代 1 亿元左右，增至 20 世纪 80 年代后期约 20 亿元，90 年代前期 76 亿元，1996 年 294.1 亿元，1997 年 288 亿元，至 2005 年竟达到约 330 亿元。风暴潮正成为沿海对外开放和社会经济发展的一大制约因素。

　　国际上一般认为海拔 5 米以下的海岸区域为风暴潮灾害脆弱和危险区，海拔 4 米以下为极端脆弱区。特别值得注意的是，20 世纪 90 年代以来，由于全球气候变暖造成海平面上升加快，加之沿海经济社会高度发展等原因，风暴潮灾有范围扩大、频率增高和损失加剧的趋势。进入 21 世纪后更加明显，已成为威胁滨海人民生命财产安全和制约沿海经济社会发展的重点灾害之一。同样应引起人们注意的是，海水表面温度的上升可能产生更多的热带气旋，产生更多的风暴潮。如何加强对风暴潮灾害的应急响应，采取有效对策已成为各国政府当务之急所要解决的重点问题之一。

第二节　我国风暴潮灾害突发灾害事件应急管理概况

　　我国是一个风暴潮灾害多发的国家，历史上都曾受到过风暴潮灾害的严重影响，给人民群众生命财产造成巨大损失。风暴潮灾害突发灾害事件应急管理主要体现在抵抗台风、抵抗风暴潮、抗灾救灾等方面。过去几十年的抗灾斗争，在当时的技术、经济条件下，加上突发灾害事件应急管理理念比较落后，其管理的基本宗旨是充分调动和发挥人的主观能动性，以大无畏的精神去克服难以想象的困难，以战胜风暴潮自然灾害为终极目标。随着社会的进步，经济的发展，管理理念的更新，人们逐渐认识到需要重新认识和研究风暴潮灾害突发灾害事件的应急管理，需要更新管理理念，以适应现代社会的发展要求。

　　目前，风暴潮灾害应急管理在以下几方面存在不足。

一、应急管理范畴

　　当前，风暴潮应急管理范畴还局限于传统的防台风、风暴潮、救灾上面，对台风、风暴潮应急管理的规律性内容研究不足，缺乏系统的应对措施和管理体系。

　　在风暴潮灾害的防灾减灾应急实践中，我国已积累了大量经验，也初步形成了一定的制度和规范。但总起来讲，应急管理体制和机制相对还不健全，亟待树立新的管理理念，形成系统的、完整的应急管理体系。

二、应急管理过程

　　传统的风暴潮灾害应急管理主要集中在台风、风暴潮灾害的事前预防、事中抢险，虽然在预防方面积累了许多经验，但在事中抢险方面还处于被动应对的阶段，缺乏主动管理的意识。风暴潮灾害的抢险工作没有制定合理的规划和计划，没有确定科学的管理目标，应急管理往往以现场情况为依据，进行临时决策，临时组织实施，缺少统筹安排，各方力量没有很好的配合和协调，资源整合不到位，不能发挥群体的最大效能。

此外，在风暴潮灾害应急管理中对灾后的评估和总结重视程度不够，事后的恢复和重建管理工作容易被忽视。在很多情况下，把恢复与重建当做简单的恢复与重建，没有进行全面的评估和总结，不是在更高层次上恢复原有系统。实际上，要做好应急管理工作就必须高度重视每一次灾后的应急响应评估，发现不足，总结经验，及时完善和修改应急预案，使预案的针对性和操作性更强，为今后有效应对和解决风暴潮灾害突发灾害事件奠定基础。

总之，传统的管理模式缺乏全过程、全方位系统的管理理念，需要引进现代灾害应急管理理论和理念，让其贯穿于整个应急管理的全过程。

三、科学决策方面

科学决策是建立在科学分析和评估的基础上，根据当时、当地的实际情况和条件，经过综合权衡后所作出的决策。

风暴潮灾害应急决策涉及各个方面、各个层次、牵涉面广，需要慎重权衡，需要各方专家组成专家小组来参谋与咨询。目前，风暴潮灾害应急管理决策是临时性的、临机处置的决策方式，这与科学化决策还有一定的距离，主要体现在以下两个方面。

1. 决策机制

科学化决策需要一定的决策程序，从灾害事件的信息收集、判别，到信息传送、处理和分析，咨询专家专业意见，经过领导小组的会商，最后才能形成决策。在紧急关头，决策也不能一步一步按部就班来进行，而是需要建立相应的决策机制，做到快速决策，需要对某些方面进行预处理。

目前，在风暴潮应急管理上还没有建立这种快速、科学的决策机制。建立快速而科学的决策机制，首先要组建一个熟悉当地环境、了解工程实际状况的决策咨询专家组，并要事先制定有关预处理的机制，包括信息定期通报制度、专家组定期召集制度等，使决策咨询专家能够预先掌握大量的信息，也使专家之间有一个很好的磨合过程，增加相互的配合和协调，使得应急管理决策能够做到快速、正确和有效。

2. 事前评估

当前的风暴潮灾害应急管理决策还缺少科学决策的基础——预评估和预分析。应急管理决策是在紧急情况下的、面对复杂情况的决策，没有预先的准备、缺乏决策基础是很难实现科学决策的。因此，需要事先对灾害的影响进行必要的风险分析和评估，这样可以做到提高应急管理的针对性，减少盲目性。

四、应急预案编制与管理

编制风暴潮灾害应急预案可以极大地提高相关部门应急灾害管理工作的

有效性、主动性和有序性，提高风暴潮灾害应急管理水平。但目前应急预案的编制还存在一定的问题，主要表现在：

（1）应急预案的编制套用固定的模式，泛泛的编写有关程序，引用一般性原则和技术细节。

（2）缺乏对当地风暴潮灾害详尽的分析和评估，针对性不强。

（3）应急预案编制得过于刻板，不利于实际管理工作中实施运用，应变性不足。

现有的风暴潮灾害应急预案系统不够完善，国家颁布了《风暴潮、海浪、海啸和海冰灾害应急预案》，沿海部分省份结合自身情况，也颁布了相应的指导性文件，但是作为直接受灾的广大地区——各城、镇、乡、村都没有配套的应急预案，不利于全民动员和自防自救工作的开展。

第三节　本书主要内容概述

本书是针对风暴潮灾害的应急管理来开展的，主要介绍风暴潮灾害应急管理技术。全书以应急管理的基本模式展开。第一章为绪论，第二章介绍风暴潮及其应急管理，第三章着重介绍风暴潮灾害应急管理体系与决策机制，第四章介绍风暴潮应急管理能力的建设，第五章列举了一些风暴潮应急管理案例，附录列举了从国家级、省级、市不同层级的应急预案情况。

风暴潮应急管理技术在我国还是一个有待进一步研究和探讨的课题，希望本书能够起到抛砖引玉的作用，促进我国遭受风暴潮灾害的地区灾害应急管理水平的提高。

第二章

风暴潮及其应急管理

第一节　风暴潮灾害概述

第二节　应急管理基本概念

第三节　风暴潮灾害的应急管理的主要内容

第一节　风暴潮灾害概述

一、风暴潮的成因

海水除了受月球、太阳等天体引潮力的作用，产生周期性的潮汐运动外，还受到一些其他非天文因素的影响，时刻出现非周期性运动，使得海水时时处在波动之中。即使它表面水平如镜，但在其深部也处于躁动不安中。海面上的风时大时小地吹送，导致表层海水被迫发生运移和堆积。风从远海向海岸上吹来，将海水向海岸边输送，使近岸水位升高；风从陆地向海上吹去，将海水带向远海，使岸边水位降低。高气压控制海域时，高压迫使海面降低；低气压控制海域时，海面随之升高。海水蒸发使海洋损耗水分，蒸发量大时也能使海面降低；较大的降水量使海洋增加水分，从而引起海面相应升高。控制海面的天气系统较弱时，风和气压等气象要素变化比较平缓，海面高度起伏不大，振动幅度不大，对沿海没有多大影响；控制海面的天气系统强大时，能引起特大海面起伏，使得岸边水位升降幅度变大。

作用于水面的风应力与气压变化的作用相比，前者是诱发浅水风暴潮的主要强迫力，后者是诱发深水风暴潮的主要强迫力。这种深水风暴潮的潮位很少超过 1 米，其值可用静压关系近似表达，即气压下降（升高）100 帕，海面升高（降低）1 厘米。风暴移动越慢，这种近似表达的精度越高。海水越浅，风暴潮的非线性效应将变得越加重要。风暴潮的大小和风暴的结构、强度、路径、移速、海岸和海底形态、水深、纬度及海水的热力—动力性质等因子密切相关。

使得水位急剧变化即产生风暴潮的强烈大气扰动通常包括热带气旋（如台风、飓风）、温带气旋、寒潮或冷空气。

当热带气旋移动到大陆架上空的时候，风暴潮可能随之形成。强烈的海风和低气压可产生汹涌的海涛。当风暴抵达海岸，强风会卷起海水，将其推向内陆地区。这些"水幕"登陆海岸，形成能量巨大的风暴潮，将会吞没和摧毁沿途的一切事物，造成巨大的伤亡和财产损失。由热带气旋引起的台风风暴潮多发生于夏秋季节。

由西风带天气系统（温带气旋、冷风等）引起的气温带风暴潮主要发生于冬、春、秋三个季节。强烈的温带气旋、冷锋所带来的向岸大风常会是岸边海水堆积。其中冷空气引起的风暴潮可能是我国渤海、黄海所特有的。在春、秋过渡季节，渤海和北黄海是冷、暖气团激荡较激烈的海域，由于寒潮或冷空气所激发的风暴潮是显著的，其特点为水位变化持续而不急剧。

台风风暴潮和温带风暴潮的明显差别在于：由热带气旋引起的台风风暴潮一般伴有急剧的水位变化；而由温带气旋引起的温带风暴潮其水位变化是持续的而不是急剧的。

二、风暴潮的危害

风暴潮主要是由气象因素引起的，如热带气旋、温带天气系统。风暴潮是否能造成灾害，在很大程度上取决于最大风暴潮是否与天文潮高潮相叠，尤其是与天文大潮的高潮相叠。此外，也决定于受灾地区的地理位置、海岸形状、岸上及海底地形，尤其是滨海地区的社会及经济（承灾体）情况。一般来说，地理位置正处于海上大风的正面袭击、海岸形状呈喇叭口、海底地形较平缓、人口密度较大、经济发达的地区，所受的风暴潮灾相对来讲要严重些。如果最大风暴潮位恰与天文大潮的高潮相叠，则会导致发生特大潮灾，加之风暴潮往往夹狂风恶浪而至，溯江河洪水而上，则常常使其影响的滨海区域潮水暴涨，甚者海潮冲毁海堤海塘，吞噬码头、工厂、城镇和村庄，使物资不得转移，人畜不得逃生，从而酿成巨大灾难，如9216号台风风暴潮。1992年8月28日至9月1日，受16号强热带风暴和天文大潮的共同影响，我国东部沿海发生了1949年以来影响范围最广、损失非常严重的一次风暴潮灾害。潮灾先后波及福建、浙江、上海、江苏、山东、天津、河北和辽宁省、市。风暴潮、巨浪、大风、大雨的综合影响，使南自福建东山岛，北到辽宁省沿海的近万千米的海岸线，遭受到不同程度的袭击。受灾人口达2000多万，死亡193人，毁坏海堤1170千米，受灾农田193.3万公顷，成灾33.3万公顷，直接经济损失上百亿元。

此外如果风暴潮位非常高，虽然未遇天文大潮或高潮，也会造成严重潮灾，如8007号台风风暴潮。1980年7月22日正逢天文潮平潮，由于出现了5.94米的特高风暴潮位，使广东西部、海南和广西沿海造成严重风暴潮灾害。如果风暴潮与伴随而生的巨浪结合，造成的灾害将会进一步加大。

风暴潮灾害主要是由气象因素引起，它的破坏力主要体现在以下几个方面：

（1）沿海的某些海岸因风暴潮多年冲刷遭到侵蚀，改变沿海海岸带的地貌。

（2）在发生时造成沿海居民巨大的生命财产损失，造成沿海的滩涂开发和海水养殖带来严重的破坏。

（3）在风暴潮灾过后，有可能伴随着瘟疫流行，土地盐碱化，使粮食失收，果树枯死，耕地退化。

（4）沿海地区的淡水资源受到污染，引起人畜饮水危机，生存受到威胁。

风暴潮会使受到影响的海区潮位大大地超过正常潮位。如果风暴潮恰好与天文高潮相叠（尤其是与天文大潮期间的高潮相叠），将会酿成巨大灾难。人类居住的黄金宝地——沿海，每当风暴潮出现时，危害极大。中国海岸带跨越几大气候带，是世界上两类风暴潮灾害都非常严重的少数国家之一。

三、风暴潮的强度

在我国，风暴潮的强度是根据风暴潮增水的多少来划分的，一般把风暴潮分为 7 级，具体见表 2-1。

表 2-1 风暴潮的强度等级

级　别	名　　称	增水（cm）
0	轻风暴潮	30~50
1	小风暴潮	51~100
2	一般风暴潮	101~150
3	较大风暴潮	151~200
4	大风暴潮	201~300
5	特大风暴潮	301~450
6	罕见特大风暴潮	>450

四、风暴潮的预警级别

某次风暴潮可能致灾等级的大小是由风暴潮过程影响海域内各验潮站出现的潮位值超过当地"警戒潮位"的高度而确定的。

警戒潮位是指沿海发生风暴潮时，受影响沿岸潮位达到某一高度值，人们须警戒并防备潮灾发生的指标性潮位值，它的高低与当地防潮工程紧密相关。警戒潮位的设定是做好风暴潮灾害监测、预报、警报的基础工作，也是各级政府科学、正确、高效地组织和指挥防潮减灾的重要依据。

我国务院颁布的《风暴潮、海啸、海冰应急预案》规定，风暴潮预警级别分为Ⅰ、Ⅱ、Ⅲ、Ⅳ四级，分别表示特别严重、严重、较重、一般，级别颜色依次为红色、橙色、黄色和蓝色。海洋环境预报部门依据可能出现的风暴潮发布风暴潮Ⅰ级、Ⅱ级紧急警报、Ⅲ级警报、Ⅳ级预报。

（1）风暴潮Ⅰ级紧急警报（红色）。受热带气旋或温带天气系统影响，预计未来沿岸受影响区域内有一个或一个以上有代表性的验潮站水位将出现达到或超过当地警戒潮位 80 厘米以上的高潮位是，至少提前 6 小时发布风暴潮Ⅰ级紧急警报。

（2）风暴潮Ⅱ级紧急警报（橙色）。受热带气旋或温带天气影响，预计未来沿海受影响区域内有一个或一个以上有代表性的验潮站水位将出现达到或超过当地警戒潮位 30 厘米以上 80 厘米以下的高潮位时，至少提前 6 小时发布风暴潮Ⅱ级紧急警报。

（3）风暴潮Ⅲ级警报（黄色）。受热带气旋或温带气候系统影响，预计未来沿岸受影响区域内有一个或一个以上有代表性的验潮站水位将出现达到或超过当地警戒潮位 30 厘米以内的高潮位时，前者至少提前 12 小时发布风暴潮警报，后者至少提前 6 小时发布风暴潮Ⅲ级警报。

（4）风暴潮Ⅳ级预报（蓝色）。受热带气旋或温带天气系统影响，预计在预报时效内，沿岸受影响区域内有一个或一个以上有代表性的验潮站水位将出现低于当地警戒潮位 30 厘米的高潮位时，发布风暴潮预报。

第二节 应急管理基本概念

一、应急管理概念

应急管理是在应对灾害突发灾害事件的过程中，为了降低突发灾害事件的危害，达到优化决策的目的，基于对突发灾害事件的原因、过程及后果进行分析，有效集成社会各方面的相关资源，对突发灾害事件进行有效预警、控制和处理的过程。

应急管理的内容应该包括：事故分析、预测和预警，资源计划、组织、调配，事件的后期处理，应急体系的建设等几个方面。

应急管理的对象主要是突发灾害事件，由于这些灾害事件所处的地域、布局往往不同，造成了不同突发灾害事件的发生发展规律迥异，给应急管理带来了困难。因此，需要对容易发生重大危害事件的领域进行有专业性的和有针对性的研究和分析，才能够制订比较完善的应对方案。如火灾是一个突发性和危害性较大的事件，由于发生地区不同，防治措施的差别也是很大的，对于森林火灾和城市住宅区的火灾处理就截然不同。

由于突发灾害事件的潜在危害性，需要在限定的可控时间内处理完毕，否则事件的影响和造成的损失就会有扩大的趋势，因此，要求在短时间内组织所需的多种资源来应对突发灾害事件。突发灾害事件的处理必须最终落实在资源的使用方面，在资源管理中需要考虑多种需求问题，如资源的布局、资源的有效调度等。因此，资源管理是应急管理的一项重要内容。资源的布局是为了有效应对突发灾害事件，预先把恰当数量和种类的资源按照合理的方式放置在合适的地方。配置资源时，要考虑资源的一些约束条件，如运输时间、运输成本、资源的综合成本等。换句话说，就是把一定种类和数量的资源放置在选定的最佳区域，使其发挥最大的效益。资源调度在应急管理中是一个实施过程，就是把资源组织起来，把一定数量的资源在限定的时间集结到特定的地点。这里的资源并不只是局限于物资资源，还包括各种相关的社会资源、环境资源及人力资源。有效的布局会有助于资源的调度，并且，在资源的调度中，还要考虑资源的协调。由于突发灾害事件应急管理所需资源可能来自于多个领域，这些资源的组织协调工作显得十分重要。各方面的组织协调工作的好坏会影响到资源的使用效率和对灾害事件处理的成功程度。

灾害事件发生后，处理流程如图 2-1 所示。

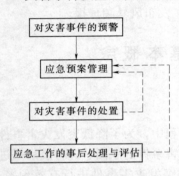

图 2-1　灾害事件的处理流程

灾害事件应急管理有几个主要过程，包括对事件的预警、预案管理、对事件的处理和事后的处理。其中，预警是一个重要的环节。所谓预警，就是根据一些突发灾害事件的特征，对可能出现的灾害事件的相关信息进行收集、整理和分析，并根据分析结果进行设施的规划，给出警示。预警的目的就是对可能发生的事件进行早发现、早处理，从而避免一些事件的发生或最大限度地降低事件带来的伤害和损失。

应急管理中，预案管理是一个重要内容。预案是对具有一定特征的事件，进行应对时可能采取的一些方案的集合。预案由一系列的决策点和措施集合组成。预案管理贯串在应急管理的主要过程中，如预案的准备和制订就是总结突发灾害事件的处理经验，把它们作为案例记录下来，用于指导将来出现的一些可能发生的事件；对事件的处理过程就是预案的实施和调整过程；预案管理还是对一些可能出现事件的规律的分析和预测，通过研究事件相互之间的联系，寻找其中的一些规律性的特征，来指导预案的准备和制订。另外，预案的完善程度也反映出一个组织的处理灾害事件的能力。

对灾害事件的处置是应急管理的核心，它表现为对各种资源的组织和利用，在各种方案间进行选择决策。当灾害事件出现以后，事件的各种表现形式及特征都将逐步显露出来，这就要求对事件产生的各种影响进行整理分析，对事件未来的发展趋势进行预测，根据分析的结果，对各种应对措施做出相应的决策。其间还会涉及到对各级政府的法规、政令、条例的遵守以及相关的人力资源的调动、物资的调拨等一系列的行动。

事后处理是在突发灾害事件的影响减弱或结束之后，对原有一些状态的恢复，对事件的相关部门、人员的奖励和责任追究。另外，还要对发生的事件及时进行应急管理的评估，形成案例，总结经验教训，为将来应急管理工作的完善提供宝贵的经验。

二、应急管理的社会作用

随着全球一体化进程的加快，人们生活的流动性、相互之间的依赖性也在增加，这样，一些灾害事件的发生就容易导致大范围人群的日常生活、经济活动受到消极影响，商业环境受到改变和破坏。因此，应急管理成为当前社会发展的需要。

应急管理的根本任务就是对突发灾害事件作出快速有效的应对。面对复杂多变的各类突发灾害事件，及时组织社会各方面的资源，快速有效地防范和控制突发灾害事件的发生和蔓延，是应急管理需要解决的主要内容。

突发灾害事件在不同领域的发生具有不同的表现形式和特征，发生的原因、发展的规律也存在差异，要找到能应对一切突发灾害事件的方法是比较困难的。但是，各类突发灾害事件仍然可以找到其普遍性特征。比如，突发灾害事件的发生具有潜在性，有的具有先兆特征，事件的影响范围具有扩散性，事件对人、财物具有伤害性、破坏性。因此可以根据一些普遍性的特征建立应对突发灾害事件的一般措施。再加上一些领域的专业知识，就可以形成一整套应对体系，发挥积极作用。通过研究突发灾害事件的发生和发展的规律，增加对一些事件的了解和认识，为未来能够成功地应对突发灾害事件建立理论基础。从宏观上讲，应急管理对社会的作用有以下两点：

（1）保障安全。灾害事件的应急管理在实施过程中能通过对灾害事件的早预警、早作准备，避免一些灾害的发生，或者极大限度地降低灾害带来的危害性，从而达到保障人类生命财产安全的目的。另外，通过对突发灾害事件的研究，增加安全管理方面的知识，可以促使人类加强和树立安全意识，保证各类社会活动的安全。这些都为安全管理带来保障。

（2）加强社会稳定。由于灾害事件的危害性和扩散性，影响的范围会从发生点扩展到其他区域，会造成社会的不稳定，不但对人类的生命安全带来了伤害，而且给社会带来了恐慌，一段时间内使人们生活在一个不安定的环境中，社会的各种经济生产活动都受到冲击，给社会各个方面带来巨大的影响。如果灾害事件的保障措施得当，能够把灾害的影响限定在一个局部区域，就不会对社会的其他区域带来消极影响，从而保障社会的稳定性。

三、应急管理体系概述

应急管理工作不单单是灾害形成之后的应对工作，如果只有在灾害事件爆发之后才仓促应战，则往往因为缺少系统的规划和统一的措施而造成捉襟见肘的局面，而此时再去调动人力物力，肯定会造成超量的人力和物力消耗，同时会造成更大的损失。从同为公共卫生事件的 2003 年 SARS 到 2013年 H7N9 禽流感的应对情况看，随着方法上的系统化、全面化以及制度的完善，可以看到我国应对突发公共卫生事件的能力在不断提高，这说明建立一套科学有效的应急管理体系是应对突发灾害事件的长效方法。

面对现代高复杂性的灾害事件，许多国家纷纷成立突发灾害事件应急机构，这是应对当今形势，保障国家安全、社会稳定的必然措施。从国家甚至国际合作的角度建立应急管理体系，实施全局统一的指挥调度，人力和物资资源的全局调配和保障，建立完善的信息管理系统和专家决策系统，构建从突发灾害事件应急管理体系平时状态、警戒状态、运作过程和事后处置的一整套解决方案，将能使突发灾害事件得到长效的解决。

应急管理体系是由专业技术、管理方法、行为规范、实施机构组成的有机结合体，能够实施完成各种应对突发灾害事件的方案和措施。作为突发灾害事件应急管理实体的体系，应急管理体系以机理和机制的研究为基础，选择一些具有很强的适应性和扩展性的处置模块，并根据现阶段自身系统的实际情况进行整合或重组而实现。

（一）应急管理体系框架

构建应急管理体系的目的就是要在发现突发灾害事件的发生、发展规律的基础上，在突发灾害事件发生之前、发展过程中，以及事后处置时采取适当的措施和方法，减小突发灾害事件带来的负面影响和造成的损失。因此，整个应急管理体系一定是一个复杂的系统，它应该具有完成指挥调度、实际处置等职能，而这些又都有赖于信息系统、决策辅助和资源保障等三大方面的配合，因此，应急管理体系作为一个完整的大系统由五大系统构成，即指挥调度系统、处置实施系统、资源保障系统、信息管理系统和决策辅助系统。

1. 应急管理体系的目标及原则

（1）目标。构建应急管理体系的目标是："统一指挥、分工协作、预防为主、平战结合、及时灵活、科学有效"的处置突发灾害事件。具体而言表现在以下几个方面：

1）通过制订应急预案、安排演练、组织实施相关的技术培训以提高安全保障度、协调各种资源进行日常的防范处理准备工作，建立能在平时能够正常运行，并提供一系列突发灾害事件事前准备的应急机制。

2）通过建立对突发灾害事件具有预测和预警功能的系统，有效地防止突发灾害事件的发生，尤其是在警戒期，根据事态的发展，迅速做好突发灾害事件防范处理准备。

3）在突发灾害事件发生后，保障体系能迅速判断事件发展态势，调集各种资源，根据相应的预案对事件进行恰当的处置，减小灾害事件的危害，降低损失。

（2）原则。为了实现上述目标，应急管理体系建立的过程中要坚持的原则为：全面性、层次性、可重构性、高可靠性、集成性、可操作演练性。

1）全面性。应急管理保障体系应该能够涵盖处置各类突发灾害事件的所有方面，任何方面的遗漏都有可能在遇到突发灾害事件的时候暴露出问题，并可能导致灾难性的后果。

2）层次性。应急管理体系应该能够根据突发灾害事件的性质、可能造成危害的程度、波及的范围、影响力的大小以及人员财产损失等情况，对事件的处理采取不同级别的预案、组织不同层次的机构参与、联动。国家风暴潮灾害应急响应分为Ⅰ、Ⅱ、Ⅲ、Ⅳ四级，分别对应特别重大海洋灾害、重大海洋灾害、较大海洋灾害和一般海洋灾害，颜色依次为红色、橙色、黄色和蓝色，发生不同级别的事件时就要采取不同类别的处置措施。

3）可重构性。计划赶不上变化，任何根据以往经验和预测方法构建出来的系统都不可能解决未来发生的所有问题。这就要求构建出来的应急管理保障体系的各个功能模块可以很方便地进行组合和切换，从而在突发灾害事件发生时能够更恰当地根据当前实际需要达到有效控制事件影响范围，并最大程度地减少突发灾害事件造成的损失的目的。

4）高可靠性。有许多重大突发灾害事件造成的破坏性后果是相当巨大的，甚至是人类所无法承受的，对于这些重大事件，应急管理保障体系应该能够提供更高的可靠性。提供高可靠性的一个常用手段就是提供多种处置方案，且多种处置方案之间应该尽量独立，不互相依赖。在突发灾害事件在发生的时候，波及面往往不能在事前完全预料，而保障体系本身由于需要深入事件发生地点，极有可能遭受突发灾害事件的影响而丧失部分功能，这时备用系统便成为提高可靠性的重要保证。

例如，一些针对自然灾害的救灾应急保障系统为了保障处置过程中任何时刻的通信正常，使指挥命令能够通畅下达，一线情况能够顺利上报，通常都会采取以某一两种通信手段为主，另外几种通信手段备用的方式提高通信可靠性，如有线和无线并用，卫星、微波等通信手段辅助备用等。

5）集成性。我国已有的突发灾害事件处理机制是区域性或部门性的横向划分和多层级的纵向层次，曾经使得很多工作较为低效，也就是常说的"条块分割、部门封锁"。而一套高效的应急管理保障体系则应该是从整个国家、地区甚至国际层面上建立起来的功能综合体系。它能够整合社会运行当中的各个部门、机钩，协同各方面的专家，在一定范围内协调各种必要资源对突发灾害事件进行统一处置。

另外，在国家的政策和相关法律上，也应该是高度整合、统一的。在中国紧急状态法颁布之前，中国当时的有关紧急状态的法律存在的很严重的问题之一就是紧急状态法律制度的不统一，每一个单行的法律只能适用于一种紧急状态，一旦紧急状态产生的原因复杂，就很难有一个统一的紧急状态下的指挥机制。因此，高集成性也是应急管理机制的一个必须具备的特征。

6）可操作演练性。应急管理保障体系设计的目的就是为了能够在突发灾害事件出现的情况下可以立刻进行处置，因此，必须具备可操作的特点。可操作演练性在突发灾害事件战时状态下能够救灾和减灾，在非警戒及平时状态下则可以用以训练人员和普及突发灾害事件应急知识，提高整个社会的抵抗灾害事件的能力。

应急管理保障体系的可操作演练性特征必须基于行业或领域内的相关专业技术，达到普适性和专业性的有机结合。

2. 整体结构

在整体结构上，应急管理体系由五个不同功能的系统组成，如图2-2所示。其中指挥调度系统是应急管理体系的"大脑"，是体系中的最高决策机构。其他四个为支持系统，它们分别对指挥调度系统提供功能的支持，以保证指挥调度系统做出及时有效的决策，同时各系统之间也存在相互协作、相互支持的关系。

3. 各系统的概述

（1）指挥调度系统。它是应急管理的最高决策者，负责应急管理的统一指挥，给各支持系统下达命令，并提出要求。

（2）处置实施系统。它是对指挥调度系统形成的预案和指令进行具体实施的系统。负责执行指挥调度系统下达的命令，完成各种应急抢险任务。

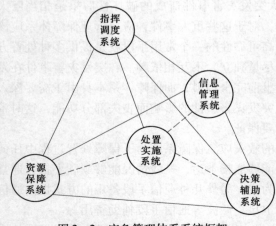

图2-2 应急管理体系系统框架

（3）资源保障系统。它负责应急处置过程中的资源保障。主要工作有应急资源的存储、日常养护，在决策辅助系统协助下进行资源评估，负责应急资源调度等。

（4）信息管理系统。它是应急管理体系的信息中心，负责应急信息的实时共享为其他系统提供信息支持。主要工作有信息采集、处理、存储、传输、更新、维护等。

（5）决策辅助系统。它在信息管理系统传递的信息基础之上，对应急管理中的决策问题提出建议或方案，为指挥调度系统提供决策支持。如预警分析、预案选择、预案效果评估、资源调度方案设计等。

（二）应急管理体系的运行

构成应急管理体系的各个系统的组成，可能来自不同的组织机构。例如，在风暴潮灾害这样的突发灾害事件处置过程中，处置实施系统就由消防、医院、公安、水利、交通以及地方政府等构成。尽管如此，这些机构在应急管理中的目的却是相同的，它们执行的任务并不完全相同，这就需要统一指挥，协同工作，这些都需要一定的运行机制来保障。

根据灾害事件应急管理的运行过程，大致分为五个步骤，包括预警、识别、培训、实施及后处理。如图 2-3 所示为应急管理体系运行流程图。

在整个应急管理体系运行过程中，要遵循平战切换原则。根据突发灾害事件的发生发展的情况，可以将应急管理保障体系的运行状态划分为三种，即平时状态、警戒状态和战时状态。

1. 平时状态

当没有突发灾害事件时，应急管理体系的运行处于平时状态，主要工作是处理一些基本的应急保障准备工作，其中包括建立应急预案，针对预案进行演练，组织实施培训以提高安全保障度，协调各种资源进行日常的防范处理准备等。此外，对突发灾害事件的预测和预警是平时状态下的另外一项日常性工作。当某些指标（突发灾害事件的征兆）超过警戒值时，要发出预警信号，并根据预警的不同程度改变体系运行状态。提高预测准确度和预警能力需要在平时状态下多积累经验和方法，以便及时发现突发灾害事件发生的苗头。事实上，对突发灾害事件预测的准确程度直接关系到整个保障体系运作的有效性。

2. 警戒状态

当预警系统预测到某种突发灾害事件发生的可能性提升至警戒点以上时，整个应急保障体系即进入到警戒状态。2013 年年初出现的传染性 H7N9 禽流感疾病病例就是这样，在发现临近区域发生的病例之后，公共安全突发事件应急保障体系即可进入警戒状态。这时本地区的突发事件还没有发生，

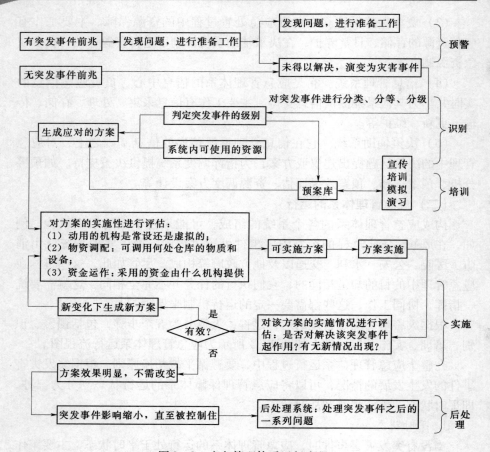

图 2-3　应急管理体系运行流程

但可以预测如果不采取任何有效的措施，传至本地区的禽流感的突发事件将极有可能发生。

　　进入警戒状态后，一方面，一些保护性程序立即启动，以防止一些可避免的突发灾害事件侵入；另一方面，战时状态处置需要使用的各种资源需要开始进行准备，应急处理的各项准备工作开始有条不紊地展开，例如，各地都储备了相应治疗 H7N9 禽流感的药品。

　　3. 战时状态

　　当利用各种手段和方法都无法避免或阻止突发灾害事件最终爆发的时候，应急管理保障系统即进入到战时状态。

　　战时状态指根据对已发生突发灾害事件的性质及严重程度等的判断，确定实施方案，并根据这一方案进行应急处置，一直到事件后处理的全过程。战时状态的结束以整个事件的最终评估报告完成为标志。

系统进入到战时状态后，应立即启动相应的评估和决策系统，尽快做出决策，根据事态类型与级别选择相应级别的预案，结合实际情况提出处理方案，处置实施系统则采取相应的措施，把突发灾害事件消灭在萌芽状态。如果事态不能控制，继续恶化，则级别会升级，应急管理体系的运行状态也会提高到相应的级别状态，执行指挥调度的机构就会提高级别，同时，如果负责处置实施的机构自身拥有的资源不能满足需要，执行资源保障的机构就可能征调其他组织的资源，直至处置完毕。当突发灾害事件已经应急处理完毕，应急管理体系会恢复到平时状态，做好资源的补充、维护，以及灾后的补偿、恢复评价总结的工作等。

需要说明的是，由于突发灾害事件具有复杂性，通常需要针对同一种突发灾害事件的严重程度准备多种等级的应急预案，在战时状态根据情况实时进行判断，启动相应的响应过程。

第三节　风暴潮灾害的应急管理的主要内容

一、风暴潮灾害应急管理的基本原则

按照国家颁布的《风暴潮、海啸、海冰灾害应急预案》和《赤潮灾害应急预案》两个海洋灾害应急预案的相关规定，我国的海洋灾害应急管理的工作原则主要有如下几点。

1. 预防为主，以人为本

建立健全群测群防机制，最大限度地减少海洋灾害造成的损失，把保障人民群众的生命财产安全作为应急工作的出发点和落脚点。

2. 统一领导，分级负责，快速反应

在国务院的统一领导下，依据有关法律、法规，建立健全应急反应机制，加强应急工作管理，落实应急反应程序和措施，明确职责，责任到人，确保应急工作反应灵敏、功能齐全、协调有序、运转高效。各级党委、政府，有关部门各司其职，密切配合，共同做好海洋灾害应急防治工作。

3. 加强监测，及时预警，减轻灾害

以海洋环境监测预报业务运行系统为主体，对海洋灾害实行高频率、高密度的监视监测，及时掌握海洋灾害发生、发展动态，快速做出预测预警，为防灾减灾提供决策支持。

4. 整合资源，信息共享，密切协作

加强各有关部门间的信息交流与合作，建立海洋灾害信息实时互通与共享机制，调动各方资源，确保海洋灾害的及时预警和有效应对。

5. 分级管理，属地为主

建立健全按灾害级别分级管理、条块结合、以地方人民政府为主的管理体制。

二、风暴潮灾害应急管理的主要内容

做好灾害应急管理，首先要从灾害的实际情况出发，进行机理分析，搞清楚突发灾害事件的内在规律，然后对其进行分类分级，以便进行后续处置预案的选择与调整，最终形成处置方案，为展开应对工作做好准备。同时，应急管理的参与者可能来自不同领域，他们之间的协调联动除了进行统一指挥之外，还要有规章制度的保证，也就是要建立一套行之有效的应急管理机制。此外，灾害应急管理还需要建立一套切实可行的应急预案。灾害应急管理最重要的工作在于平时的预防，防患于未然。

1. 机理

机理就是灾害事件发展过程中所遵循的原理和规律，它包含两个方面的内容：一是指突发灾害事件发生、发展、衍生及其影响扩散的自身规律；二是指应急管理主体自身的运作规律。

风暴潮灾害是天文潮、台风、气象因素、寒潮大风等因素交叉作用的结果，如图 2-4 所示。台风是诱发水位异常变化的强迫力，是台风风暴潮形成的主要因素，寒潮大风也是诱因之一。持续的向岸大风是诱发风暴潮的主要气象因素。强台风风暴潮可以使海平面上升 5~6 米，使影响海区的潮位大大超过正常潮位，当风暴潮和天文大潮高潮位相遇时，会使水位暴涨、导致潮水漫溢、海堤溃决、冲毁房屋，造成严重的经济损失和人员伤亡。

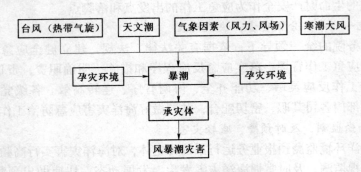

图 2-4　风暴潮灾害形成机理

应急管理是管理主体对突发灾害事件的介入和应对行动，如果要对突发灾害事件的应急管理做到及时、高效，就必须对灾害事件和管理者进行全面研究分析，明确灾害事件的特性，以便根据相应的机理进行预防、设计和调整预案，根据灾害发生的机理和环境来确定预防重点，把预防与处置有效地结合起来。

机理分析是开展应急管理的基础。因为应急处理面对的是突发灾难性事件的处置工作。尽管突发灾害性事件具有不确定性或者有些类型的突发灾害性事件的规律在爆发初期不能完全被人们所认识（如 2003 年的非典疫情），但是，从当前掌握的信息出发进行必要的分析与研究工作，仍是指导应急管理做出正确决策的基础。

2. 机制

机制是机理的外延，是指构成机体的结构和相互关系，可以分为两个层次：一个是要素；另一个是要素之间的联系规则。由于灾害事件处置过程中责任重大，涉及面广，因此应急管理的参与者可能来自不同的行业领域。

在我国已经发生过的几起风暴潮灾害应急事件中，应急管理的最高领导主体是当地政府，参与者有消防、水利、公安、卫生以及当地的基层行政组织。所有这些来自不同领域的处置力量的共同目标就是减小风暴潮灾害造成的人员伤亡和经济损失，但是他们的工作必须在统一领导之下才能有效地展开。所以，应急管理体系的高效运转必须有一定的规章制度来保障。

完善的应急管理机制是保障应急管理体系正常运转的基础。应急管理体系应当包括体系运行机制、预防预警机制、平战切换机制、资源保障机制、灾后评估机制，如图 2-5 所示。中间三个机制有着时间上的先后顺序关系，而评估则

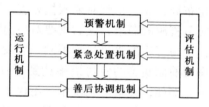

图 2-5　风暴潮灾害应急
管理机制关系

贯穿于整个应急管理过程的始终，运行机制则为处理整个突发灾害事件提供日常和紧急状态下的保障。

3. 体系建设

灾害事件应急管理是一个完整的体系，前述五大支持系统之间相互协作，共同服务于整个应急管理体系，是有效进行灾害事件处置的核心内容。

4. 分类分级

不同类型灾害事件的机理不同，其处置过程也不相同，火灾与风暴潮灾害的处置过程是不同的。此外，同种类型的事件如果级别不同，需要采取的措施也不尽相同。例如，同样是危险化学品泄漏，如果一个是在人口密集的城市附近发生，另一个是在人烟稀少的戈壁发生，两者的处置过程也就不尽相同。因此，在机理分析之后，需要进行的研究和管理工作应当是根据灾害

事件的机理对突发灾害性事件的分类分级。

在灾害爆发之初进行分类分级，就可以依据分类分级的结果来选择不同的处置机构，制定处置方案。在对灾害事件进行分类分级的同时，要对处置机构进行分类分级，使其和事件的分类分级对应。这样就能做到处置机构在应急管理中"才尽其用"，有效地应对灾害突发灾害事件，节约政府资源。

5. 预案管理与预案库建设

由于灾害事件存在一定的不确定性，它可能发生，也可能不发生，但是一旦发生就会造成重大损失，因此，针对这种性质，最有效的方法除了平时积极预防之外，还要制定事件一旦发生时的应对方案，即预案。预案的编制要针对不同类型的灾害事件而编制相应的预案，同时不同级别的机构应当编制相应的预案。

由于突发灾害事件的类别很多，级别也各不相同，不同类型、不同级别的突发灾害性事件需要不同的预案来处置，这就需要建立预案库。

6. 资源管理与过程动态管理

在处理灾害事件的过程中，资源的需求是否能够及时满足是影响应急管理成败的关键因素之一。资源管理就是要在平时做好应急资源的评估以及优化布局，灾害来临时要根据处置结果的不断发展变化调度资源，满足事件对应急资源的需求，灾后则要对应急资源做重新评估，进行补充或调整。

与普通的决策过程不同，突发灾害性事件爆发时的应急决策，不仅要考虑到前面实施的应对措施达到了什么效果，同时还要考虑到周围环境的状态。例如，在资源调度中，不仅要考虑到当时的资源需求，而且要考虑到处置效果初步显现后的资源需求。因此，即使有相应的预案或方案，也不能照搬照抄过来，而是要根据实际情况做出相应的决策，因此，应急管理是一种过程动态管理。

第三章

风暴潮灾害应急管理体系
与决策机制

第一节　风暴潮灾害应急管理体系

第二节　风暴潮灾害应急管理的流程与机制

第三节　风暴潮灾害应急预案编制与管理

第一节　风暴潮灾害应急管理体系

一、风暴潮灾害应急管理的组织体系

依据《中华人民共和国海洋环境保护法》、《风暴潮、海啸、海冰灾害应急预案》等法律法规，我国的海洋灾害应急管理实行政府统一领导下的分级管理、属地为主、分工负责的管理体制。海洋灾害应急管理的组织体系主要有海洋灾害应急管理领导机构和工作机构两大部分构成，其中工作机构由领导机构办公室、应急指挥部、专家组、应急业务运行机构四部分组成，如图3-1所示。

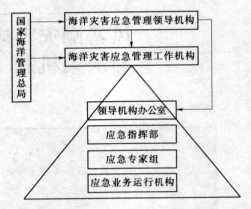

图3-1　海洋灾害应急管理组织机构

（一）领导机构

国家海洋局或海区分局均设立海洋灾害应急工作领导小组，地方海洋灾害应急管理的领导机构是当地应急工作委员会或应急管理委员会。国家海洋局或海洋分局的海洋灾害应急工作领导机构负责海洋灾害应急预案的启动和结束，监督指导应急预案的实施；组长由国家海洋局主管业务领导担任。地方应急工作委员会或应急管理委员会（一般简称"应急委"）负责当地海洋灾害应急预案的启动和结束，以及决定和部署海洋灾害应急管理的其他工作；其负责人由当地政府的主要领导担任。

（二）工作机构

1. 领导机构办公室

海洋行政部门是政府主管本地区海洋事务的职能部门，也是海洋灾害应急管理工作机构之一，承担海洋灾害的日常管理工作。我国沿海的一些地方没有设置专门的海洋行政部门，而将海洋灾害的管理事务纳入国土资源等部门，因而规定由国土资源等部门承担海洋灾害的日常管理工作。应急委下设应急管理办公室也是海洋灾害应急管理工作机构之一。应急领导机构办公室的具体职责主要包括负责组织、协调海洋灾害应急预案的实施；负责组织有关灾害监测预警报信息的发布；报告或通报灾害发生和处理情况；负责组织、协调海洋灾害（情）调查和灾后评估；组织编写海洋灾害（情）调查、评估报告；负责与有关部门的协调工作等。

2. 应急指挥部

一旦发生重大或特别重大海洋灾害，海洋行政部门和政府应根据灾害情况和预案要求成立市海洋灾害应急指挥部，实施对重大和特大海洋灾害应急处置工作的统一指挥。鉴于处置海洋灾害具有专业性、特殊性，根据海洋灾害的影响范围、发展态势和实际处置需要，可在事发地成立现场指挥部。应急行动结束后，指挥部报经批准后解散并转入常态管理。

3. 专家组决策咨询机构

海洋行政部门组建海洋灾害专家组，并与其他专家机构建立联络机制。专家组成员应包括海洋环境预报领域及其他相关领域专家，主要职责是负责提供应对海洋灾害的决策处置的咨询建议和技术支持。

4. 应急业务运行机构

应急业务运行机构是海洋灾害应急管理组织体系中的具体应急事务执行机构，其运行效率的高低直接影响到海洋灾害应急管理能力和水平，是海洋灾害应急管理组织体系中的重要组成部分。其主要职责如下：

（1）地方的海洋行政主管部门在当地人民政府的统一领导下，积极参与防灾减灾工作，组织发布本地区的海洋灾害预警报及相关业务咨询；制作大比例尺风暴潮、海啸灾害高风险区淹没图，并公布风暴潮、海啸灾害应急疏散路线和避难场所标示图；及时收集、报告海洋灾害灾情，参与特别重大海洋灾害（情）的调查与评估和组织重大及以下海洋灾害（情）的调查与评估。

（2）各分局和海口海洋环境监测中心站负责海洋灾害监视、监测资料的传输和日常业务运行；组织发布所辖海区的海洋灾害预警报并提供相关业务咨询；及时收集、报告海洋灾害灾情，参与海洋灾害（情）调查与评估。

（3）国家海洋环境预报中心负责海洋灾害监测资料的收集和分发，组织海洋灾害会商，发布全海域海洋灾害预警报，组织特别重大海洋灾害（情）调查评估及相关业务咨询。

（4）北海、东海、南海海洋预报中心和沿海省（直辖市、自治区）、计划单列市报（中心）台等，负责发布风暴潮、海啸、海冰灾害各级预警报和相关业务咨询。

（5）中国海监总队负责重大及以上海洋灾害航空遥感灾情调查，应领导机构办公室的要求，组织、协调海监飞机、船舶的调用。

（6）国家海洋环境监测中心负责岸基测冰雷达站运行管理。

二、风暴潮应急管理管理体系的结构和功能

风暴潮灾害应急管理是一个庞大的系统工程，能够及时有效地应对牵涉

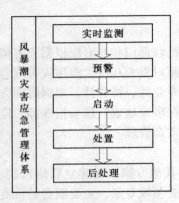

图 3-2 风暴潮灾害应急管理
系统运行机制图

到从软件到硬件等方方面面的内容。从纵向功能看，其主要的工作流程包括实时监测、预警（通知）、启动以及处置和后处理五大方面的流程，如图3-2所示。

上述风暴潮应急管理体系的工作流程中，各个阶段都有相应的工作任务，主要如下。

（1）监测。这是突发灾害事件应急管理活动的第一步。监测结果和数据的真实性是应急管理对这个阶段的迫切要求，信息准确获取可以有利于后期活动的正确展开。平时，系统的各个环节和节点可以对运行状况进行24小时全天候观测；战时对突发灾害事件处置前后状况要进行实时监控；随时注意收集、发布有关信息。

（2）预警。包含预警分析和预警监控。预警分析是在对突发灾害事件征兆进行监测、诊断的前提下进行确定性分析和评价并及时报警的活动。预警监控是在预警分析的前提下，对突发灾害事件的发展趋势进行甄别并对不良趋势进行识别、预防与控制的活动。在缺乏确定的因果关系和证据的情况下，通过预警活动可以根据对事件的分析判断，确定事件的类型、性质和应急级别，发出先期警告，实施防范性预案。

（3）启动。预警信号一旦发出，保障体系就进入启动阶段。此时应迅速将应急管理系统切换到战时状态，系统内部相关人员开始联动，指挥机构根据对突发灾害事件的分类、分级，从预案库中快速搜索匹配响应预案并通知相关机构开展工作。

（4）处置。应急管理保障系统根据指令，执行处置预案，迅速组织人力、物力，动用各类资源对突发灾害事件进行处置，同时应及时预测、评估预案处置效果，并根据应对的效果，动态调整预案或下达临时性指令以防止意想不到的突发连锁反应发生。

（5）后处理。事件处理完毕后，保障体系切换到平时状态；根据行动中的具体问题和主要事件做出总结报告；报告和相关数据提交决策支持和信息部门，以改进和更新预案库等数据库；对动用的社会资源进行协调和善后处理。

从横向上来看，整个应急管理体系包含指挥调度系统、处置实施系统、资源保障系统、信息管理系统和决策辅助系统。下面对五大系统的功能和在不同阶段状态下应急管理工作的范围做介绍。

（一）指挥调度系统

指挥调度系统是突发灾害事件应急管理保障体系的核心和中枢，包括进行决策，向各个相关机构发出指令或进行授权，并协调其他系统的功能和动作。

1. 指挥主体

指挥主体作为整个保障体系的关键组成，其产生过程与职责都需要在应急管理体系中给予合适的设计，并随着事件的发生发展而变化。一般情况下，指挥的主体可以通过以下两种方式产生：

（1）对于预案内的突发灾害事件，指挥主体应在预案中明确规定。例如，国家风暴潮灾害应急响应预案明确规定：国家海洋局是风暴潮灾害应急管理的领导机构。对于地方而言，各省（自治区、直辖市）、市（区）、县的风暴潮灾害应急管理机构不尽相同。例如，福建省风暴潮灾害应急预案规定：福建省海洋与渔业厅是风暴潮灾害应急管理的领导机构；而在汕头市防风暴潮、海啸应急预案中规定：汕头市人民政府防汛防旱防风指挥部（简称"市三防指挥部"）为汕头市风暴潮灾害应急管理的领导机构，并接受省防总、市委和市政府的领导；下属各县区人民政府的防汛防旱防风指挥部负责本行政区域内的防台风风暴潮、海啸的应急管理工作。

（2）对于预案外的突发灾害事件，经上级主管部门临时授权，产生指挥主体。

在应急管理计划的实施过程中，指挥主体应始终处于事件处理的核心地位，保持与执行主体的密切联系，但指挥主体可以随事件的性质和发展趋势发生变化。重大的突发灾害事件，在现有指挥主体所拥有的控制能力之内无法有效控制局面时，指挥主体就会上移，所担当的责任和控制的范围也就扩大。例如，2003年SARS重大危机时，其指挥主体就迅速由省级、市级机构上移到国家权力机构。因为当时的低级指挥机构所能控制的资源已不足以控制SARS事件的影响和发展。

指挥主体在面对一般事故或突发灾害事件处理时，需要采取分级决策、分级处理、事后集中汇报的工作原则。当遇到重大事故或突发灾害事件处理时，则需要采取集中决策、分级处理、边处理边汇报的工作原则。例如，出现了重特大风暴潮灾害时，就需要由国家统一指挥决策，省级、市级分级处理，地方城市迅速执行。

2. 指挥调度系统的基本功能

指挥调度系统的主要职能包括请示报告、下达命令、通报情况、组织协调会议几个方面。

（1）在平时状态下，指挥调度系统要开展组织研究、培训和演练，制定或完善相关制度，进行各类信息汇总分析，判定事件性质及其征兆，批复相关请求，组织协调，组织安全检查，组织事故调查，对人、财、物储备的适时监督、配置和协调等方面的工作。

（2）在警戒状态下，指挥调度系统一般要完成制定突发灾害事件的预防措施，组织检查和演练，对信息进行收集汇总分析以及批复操作请求等方面的工作。

（3）战时与平时以及警戒时不同，指挥调度系统在战时的功能体现得最为突出。战时指挥调度系统的主要功能有以下几个方面：

1）需要根据灾害的情况，判定灾害的程度、确定应对方案。

2）对灾害发展的趋势进行实时跟踪，对预案的实施效果进行实时评估，并结合情况需要随时调整预案。

3）对单位的要求予以批复，并相应下级机构技术支援和资源调配的请求。

4）进行系统内和系统外的各种组织协调工作。

5）健全信息渠道，建立汇报制度，让内部人员第一时间掌握灾害的发展，重视民众的知情权，及时有效的发布主流信息，引导民众，安定民心。

（二）处置实施系统

处置实施系统是对指挥调度系统形成的预案和指令进行具体实施行为的系统。在不同时期，处置实施系统所完成的功能也存在不同。处置实施的行为依据灾害事件的不同性质和严重程度，牵涉到的机构、部门和人员也不尽相同。在指挥系统的协调下，与其他系统如信息系统、决策系统、资源辅助系统进行密切配合，进行正确的处置。

（1）在平时状态下，处置实施系统主要辅助应急管理体系的正常运行、维护和更新改造，并组织本系统的人员参加业务学习和岗位培训，积极参与系统内预案和其他安全工作计划的应急演练，及时将培训和演练的情况反馈给指挥调度系统。

（2）在警戒状态下，处置实施系统根据指挥调度系统的指令，对突发灾害事件的前期征兆情况进行检查，排除隐患；针对预警信息，调动资源，提前做好防范工作；按照指挥调度系统的指令，无条件启动防范性预案；并按照指挥调度系统的要求，保证各主要岗位的人员配置，并做好相关设备和资金的储备工作；与此同时，密切监测运行情况，及时发现预警或故障信息、并做出相应的处置；在采取应急措施的同时通知相关部门并上报指挥调度系统，根据其指令进行操作；发现可能导致严重后果的重要情况应立即上报指挥调度系统，并通报相关单位。

（3）在战时状态下，处置系统在灾害事件发生后立即报告指挥调度系统，并根据初步判断结果启动相应的应急预案实施处置，紧急情况可以先处置再请示报告。随时保持与指挥调度系统的实时联系，在具体操作过程中发现预案无效或资源缺乏，在采取紧急措施的同时，向指挥调度系统提出支援请求。及时通报现场情况，注意与其他系统的适时沟通和了解。跟踪预案的处置效果，并及时向指挥调度系统进行信息反馈，如发现预案无效，按照指挥调度系统的指令实施调整后的处置方案。如遇到现有资源存储量不能满足需求，应及时向指挥调度系统提出资源调配请求，临时调用的资源在突发灾害事件处理完毕后，应根据有关规定归还或进行补偿。在灾害事件处理完毕之后，应按照规定的格式上报灾害事件处理报告。配合相关单位对灾害及应急响应过程进行调查，并对处理结果进行评估。总结事件处理过程中的经验教训，根据需要调整预案和资源配置。

（三）资源保障系统

资源管理包括物资资源管理和人力资源管理，这两部分是相辅相成、互相依托的。资源保障系统包括物质资源保障系统和人力资源保障系统。

1. 物质资源保障系统

物质资源保障系统是对突发灾害事件的处置提供具体物资，并对整个保障系统的运行提供物质基础帮助的系统。该系统为实现系统资源的合理布局和动态调配进行资源配置、储备及维护等方面的工作，以提高资源的综合利用和使用效能，同时提供资源状态信息，保障整个系统的正常运行，从而有效地应对突发灾害事件。该系统直接与关系到系统运行的有形资金和具体物资打交道，供应的准确及时、丰富与否直接与应急管理的成效挂钩。

物资资源保障系统以指挥调度系统提供的资源评估与优化配置方案为依据，科学客观地配置资源，以保障系统在平时的正常运行。按照"以用备战"的原则，根据对战备和紧缺资源的最低保有值的评估结果，合理配置应急资源和战备资源，避免资源浪费。制定完备的资源维护制度，对现有资源和储备资源定期进行维护，排除隐患，确保资源安全可靠。当安全保障资源的保有量不能满足要求时，根据资源评估结果，及时进行补充。及时更新使用性能下降或失去使用效能的资源。与信息管理系统共同完成资源信息的交换和更新。定期维护和更新资源库，保持资源信息数据与资源现状一致。重要资源信息发生变化时，应及时报告所属指挥调度系统，由指挥调度系统全局性掌握重要资源的分布情况。当处置实施系统根据需要及时向指挥调度系统提出资源调配请求时，由指挥调度系统统一协调指挥。发挥资源整体保障作用，资源调用遵循有效利用原则和区域就近原则，制定可操作性强的快速调用程序。当灾害事件发生时，应在考虑便利性、就近性、快捷性的基础上，完成资源的运输工作。灾害事件应急结束后，结合资源的消耗情况，及时进行应急资源的应急采购和补充。

　　2. 人力资源保障系统

　　人力资源保障系统是对整个应急管理保障体系提供智力支持和组织保证，促进体系正常运转的系统。一支专业化、训练有素的突发灾害事件应急管理人才队伍对及时有效地处理突发灾害事件起着举足轻重的作用。因此，应急管理保障体系的建设离不开完善的人力资源规划。通过系统的职业训练和专业化教育，培养不同类型的应急管理人才。

　　成立紧急专业救援队伍，对于灾害事件应急管理至关重要。此外，也可引入市场机制组建民间的专业救援队伍，更要注意发挥社区、群众的自救互救作用，形成专业救援和群众自救相结合的庞大救援互助体系。

（四）信息管理系统

　　信息管理系统是整个保障体系的信息交流平台。它通过多方位、多角度、运用多种手段采集、管理和发布信息，对突发灾害事件发生前的各个环节和节点进行全天候监视，对突发灾害事件处置前后状况进行实时监视，同时收集、处理、发布信息，保证信息在系统内部安全、畅通地传递，从而提高系统内外面对重大突发灾害事件的反应速度，加强系统的整体性和联动性。

（五）决策辅助系统

　　决策辅助系统为整个体系提供方法支持和决策建议。它在安全保障的机制机理研究、事件和机构的分类分级方法的研究以及安全保障度评价方法研究的基础上，实现预案库管理，提出安全培训和演练方案，形成资源优化配置方案，同时进行评估和预警分析，为事件的处置提供决策资料和决策建议，对突发灾害事件的后评价等。

　　决策辅助系统是以各种信息为基础，以预警分析、资源的优化配置和布局、事件和机构的分类分级、预案评估、事件评估、预案选择、预案的动态调整、资源的动态优化调度等问题为对象，提供相应的分析功能，为决策提供依据。否则，决策者仍然只能根据自身的经验和判断进行决策，难以保证应对方案的科学性，以及方案实施效果的有效性。

第二节　风暴潮灾害应急管理的流程与机制

一、风暴潮灾害信息的监测、接收与分发

　　国家海洋局可以通过海洋监测岸站、海洋监测浮标、海上监测平台、水

下监测装置、海监船舶、海监飞机、卫星遥感及海洋环境监测信息平台等组成的海洋灾害监测网络体系对风暴潮、海啸等海洋灾害进行监测。海洋环境监测系统进行长期、连续、准确的潮位、海浪、海水盐度、温度以及相关海况要素的监测。发现异常情况及时报送市有关机构，并密切监视其发展动态，及时将监测数据传输至海洋环境监测信息平台。还有，国家海洋环境预报中心应实时接收世界气象组织全球通信网（GTS）和太平洋海啸警报中心发布的海洋、气象观测资料及海啸相关信息；接收、处理海洋环境监测站、浮标、测冰雷达站等监测数据，并将接收到的各类监测数据经过质量控制后及时传输到海区预报中心和沿海省（自治区、直辖市）、计划单列市的海洋预报台。我国风暴潮预报业务系统是20世纪70年代初建成的，国家海洋水文气象预报总台（现为国家海洋环境预报中心）于1974年正式向全国发布风暴潮预报，发布预报的方式，从最初的电报、电话，发展到目前的电视广播、传真电报和电话等传媒手段，经长期统计其平均时效为12.4小时，高潮位预报误差为25.5厘米，高潮时平均误差为19.8分钟。随后，国家海洋局所属三个分局预报区台、海南省海洋局预报区台以及部分海洋站、水利部所属的沿海部分省市水文总站和水文、海军气象台等单位也相继开展了所辖省（自治区、直辖市）、地区和当地的风暴潮预报，至此一个全国性的预报网络已基本建成。随着事业的发展和客观的需要，风暴潮的监测的工作也日益得到重视和加强。目前，在沿海已建立了由280多个海洋站、验潮站组成的监测网络，配备比较先进的仪器和计算机设备，利用电话、无线电、电视和互联网等传媒手段，进行灾害信息的传输。风暴潮预报业务系统比较好地发布了特大风暴潮预报和警报，同时沿海省市有关部门和大中型企业也积极加强防范并制订了一些有效的对策，如一些低洼港口和城市根据当地社会经济发展状况结合历来风暴潮侵袭资料，重新确定了警戒水位。

二、风暴潮灾害的预警与预防

风暴潮、海啸、海冰灾害的发生大都在时间、前兆方面有一定的规律性。在预计海洋灾害发生的时间之前，各可能发生海洋灾害的地方相关部门应组织对当地的海塘、海岸、港口、码头等海岸工程进行抗风险能力的检查，并切实加以改进和提高。当风暴潮、海啸、海冰灾害发生的范围、规模等达到规定的标准时，实施预警启动并发布预警报信息。同时，进入预警期后，政府更应采取相关预防性措施，如防御海洋灾害的知识宣传，组织群众避难和船只进港避风，加固有关设施，做好救援准备等。

针对不同的风暴潮预警级别的风暴潮，相应的预防措施存在差异，表3－1列出不同的风暴潮警报的防御措施。

表 3 - 1 风暴潮警报的防御措施表

预警级别	防 御 措 施
蓝色警报	（1）沿海政府及相关部门按照职责做好防御风暴潮的应急准备工作。 （2）各涉海相关生产单位采取积极有效的措施，组织渔船、养殖渔排、养殖场等做好防御工作。 （3）加固沿海渔业养殖水产设施和渔港设施，做好防潮准备
黄色警报	（1）沿海政府及相关部门按照职责做好防御风暴潮的应急准备工作。 （2）组织各类船只回港避风，做好养殖水产设施和养殖渔排的维护、加固等防御措施。 （3）加强沿海海堤、水闸等设施的巡查，薄弱地区和危险地区的海堤及时加固除险
橙色警报	（1）沿海政府及相关部门按照职责做好防御风暴潮的应急抢险工作。 （2）组织各类船只回港避风，加固沿海渔业养殖水产设施和渔港设施，相关海上作业人员及时撤离。 （3）关闭沿海危险区域浴场和游乐设施，禁止人员到海边游玩。 （4）加强沿海海堤、水闸等设施的巡查，薄弱地区和危险地区的海堤及时加固除险，必要时，相关人员撤离转移到安全地带
红色警报	（1）沿海政府及相关部门按照职责做好防御风暴潮的应急抢险工作。 （2）沿海低洼地区和危房户居民应及时转移到安全地带；组织外来务工人员和游客撤离危险区域。 （3）关闭沿海危险区域浴场和游乐设施，禁止人员到海边游玩。 （4）渔排、渔船等海上作业人员及时上岸避险

三、风暴潮灾害应急管理的应急响应和处置

1. 信息报告和通报

风暴潮、海啸和海冰灾害发生后，政府相关应急机构在组织抢险救援的同时，及时汇总相关信息并及时迅速报告。一旦发生重大风暴潮灾害，必须在尽可能短的时间内分别向上级管理部门口头报告。事发地也应加强与毗邻地区的沟通与协作，建立风暴潮，海啸灾害信息通报、协调渠道，一旦出现风暴潮、海啸灾害影响范围超出本区域的态势，根据应急处置工作的需要，及时通报、联系和协调。

2. 先期处置

国家及各地方海洋环境监测系统加强值班，对海洋环境监测，严密监视风暴潮、海啸灾害发展动态。依托国家海洋组织、指挥、调度和协调本局下属部门和相关联动单位和风暴潮、海啸灾害实施先期处置。

国家海洋环境预报台通过广播、电视等媒体，及时发布准确的风暴潮、海啸灾害预警预报信息，根据灾害发生的时间、地点（中心经纬度、边界

坐标）和范围，对风暴潮、海啸产生的海水爬高漫淹区域作出精确预测。国家海洋局根据《风暴潮、海啸、海冰灾害应急预案》及时提出应急处置具体措施，确定受灾疏散撤离范围，明确疏散撤离方向和标示图等，并通过应急处置指挥部具体实施。

3. 分级响应

风暴潮、海啸灾害应急响应级别分为四级，即Ⅰ级、Ⅱ级、Ⅲ级和Ⅳ级，分别应对特别重大、重大、较大和一般风暴潮、海啸灾害。

（1）Ⅰ级、Ⅱ级应急响应。当我国局部海域发生特大、重大风暴潮、海啸灾害时，分别启动风暴潮、海啸灾害Ⅰ级、Ⅱ级应急响应。国家海洋局视灾情成立海洋灾害应急指挥部，相关成员单位迅速到位并启动相应的应急预案处置规程。应急处置指挥部确定灾害等级，组织、指挥相关成员单位及其应急力量实施应急处置。

（2）Ⅲ级、Ⅳ级应急响应。当我国局部海域发生较大、一般风暴潮、海啸灾害时，分别启动风暴潮、海啸灾害Ⅲ级、Ⅳ级应急响应。国家海洋局应急联动中心组织、指挥有关应急力量和资源，及时采取措施控制事态发展，组织、协调有关单位及其应急力量实施应急处置。各有关部门和单位启动相应的应急预案和处置规程，密切配合，协同处置。

（3）应急响应的升级与降级。随着风暴潮、海啸灾害进一步发展，并有蔓延扩大的趋势时，国家海洋局应根据《风暴潮、海啸、海冰灾害应急预案》的相关规定，及时提升预警和响应级别；风暴潮、海啸灾害减缓或局势得到控制时，相应降低预警和响应级别。

4. 应急处置

国家海洋局应急处置指挥部各专业应急处置部门及下属部门应急办、各省政府应急办具体承担相应的应急处置工作。现场指挥部具体负责灾害现场的应急处置，各专业应急处置部门及下属部门应急办开展现场应急处置时接受现场指挥部的统一指挥。

5. 应急响应结束

风暴潮、海啸灾害应急处置工作结束，国家海洋局应急处置指挥部组织有关专家进行分析论证，经现场检测评价确无危害和风险后，向国家海洋局应急管理领导机构提出终止应急响应的建议，国家海洋局应急管理领导机构批准后宣布解除应急状态，转入常态管理。

四、风暴潮灾害应急管理的应急保障

1. 经费保障

海洋灾害常态管理所需的经费由国家海洋局报请国家财政列入年度预

算。应急处置所需的经费，由国家财政按有关预案和规定予以安排，同时，不断完善社会、企事业单位捐赠、民众捐助的经费保障体系，进而构建一个以国家财政投入为主、社会各方共同参与的多渠道、多层次的海洋灾害应急管理经费保障体系。

2. 专业应急队伍保障

政府根据处置海洋灾害的专业性、特殊性，建立装备海监飞机、海监船舶、卫星遥感等海洋监测及通信设备的海洋灾害应急处置队伍，加强处置海洋灾害专业队伍建设，对专业应急队伍进行定期培训和经常性演练，以增强他们应急救援能力，同时，根据实际工作需要，开展全国性、区域性以及有关技术单位的海洋环境监测与预报技术人员培训，进而提升我国海洋灾害应急管理能力。

3. 科技支撑保障

国家海洋局联合有关高等院校和科研院所，积极开展防止海洋灾害的研究；加强国际与地区间海洋灾害信息的交流与预警报技术合作研究；加大海洋灾害的监测、预警报和应急处置技术研发的投入，不断改进技术装备，建立健全海洋灾害应急管理平台，提高海洋灾害应急处置能力。

4. 应急信息保障

国家海洋局在现有海洋监测信息网络的基础上，进一步完善通信网络建设，建立有线与无线相结合、基础电信网与机动通信系统相配套的应急通信系统，确保信息通畅，为应急管理、应急处置提出科学、准确的应急信息，从而保障应急决策的科学性、准确性和有效性。

5. 动员全社会力量参与保障

受风暴潮、海啸灾害影响的地方，国家海洋局及各级地方政府应及时动员、组织社会志愿人员，开展 24 小时重点地带的值班巡查，发现问题及时报告。受重特大风暴潮、海啸灾害影响，负责组织紧急避险或撤离的各级地方政府在实施疏散撤离行动中，也应及时动员、组织社会志愿人员，参与疏散撤离中的救助、救护和协助维持秩序等工作。

第三节　风暴潮灾害应急预案编制与管理

一、风暴潮灾害应急预案概述

风暴潮应急预案是在收集风暴潮有关的信息、分析其后果以及应急能力的基础上，针对可能发生的灾害提前制定的计划。

风暴潮灾害应急预案应该具有以下特点：

（1）科学性。灾害应急预案的制定必须建立在科学研究的基础之上。

（2）全面性。应包括所有的潜在的灾害事件，即使是发生概率很低的灾害事件，也应涉及突发公共卫生事件处理的所有利益关系者，应跨越灾害事件管理的整个过程，包括事前、事中和事后。

（3）简洁性。语言简洁，便于理解。

（4）详尽性。灾害应急预案内容应尽量具体，各项职责应具体到"谁来做、做什么、如何做"的程度。

（5）权威性。实时更新，必要时还可对其进行较大的改动。

（6）适用性和可操作性。灾害应急预案必须结合当地的实际情况，便于应急响应人员去执行。

（7）预案与其他计划类文种的不同的特点。具体任务明确，内容详细系统，措施行之有效。

风暴潮灾害应急预案体系应该是由不同层级、不同类型预案组成，预案体系应该是相互联系的、全方位的、多层次的预案群。

二、风暴潮灾害应急预案制定的基本原则

凡事预则立。突发灾害事件应急预案可以减少应急管理中出现的不合理行为和缺乏全局观念的行为，使得应急管理与应对更加科学化、合理化。应急预案的制定是一种进攻性的行为，它规定了行动的具体目标，以及为实现这些目标所做的所有工作安排。它要求制定者不仅要预见到事发现场的各种可能，而且要针对这些可能拿出具体可行的解决措施，达到预定的目的。近几年，国内许多政府机构相继制定了突发灾害事件应急预案，体现了各级政府对突发灾害事件应急管理的充分重视。这些预案的制定成功借鉴了国外制订应急预案的一些经验，总结了以往一些应对突发灾害事件的经验和教训，具有明显的可行性与创新性。但是，目前部分地方行政机构与公共组织制定的一些应急预案还或多或少存在一些需要改进和完善的地方，例如，关于在法律、法规层面上对应急预案的重要性与强制性的说明、机构与部门内处理危机的组织体系构成、应对突发灾害事件的专门人员的培训及其相应职责的规定等。

1. 立法原则

所谓立法原则是指突发灾害事件的应急预案需要通过立法的形式来确定其重要性和强制性，对于没有立法权的公共组织也要将本组织的应急预案制度化，使其融入组织的发展战略之中，这也是应急预案所具有的战略性、系统性、长期性、强制性的要求。

重特大的突发灾害事件是影响全局和社会公众根本利益的严重事件，直

接影响政府施政目标的实现，涉及社会范围的根本利益，所以应该从战略高度看待应急预案的制定。因此，地方政府机构或公共组织应将其列入地方性法规或组织基本制度以保证其战略地位的实现，这是应急预案战略性的体现。

区域性应急预案是影响该地方社会的统一行为，应该由政府权威部门出面组织制定区域总体应急预案，并要求所有涉及社会公众利益或对社会整体有影响的部门、机构、组织、影响国计民生的重要企业根据地方政府总体预案的要求制定各自的子预案。这一点也需要以立法形式做出规定，以期构成有效的上下呼应、层层落实的区域性应急预案系统。这是应急预案系统性的体现。

社会中非稳定因素的存在是一个长期的现象，自然灾害、技术事故又具有多发性和长期性的特点，这决定了制定与修改应急预案是政府机构与公共组织的长期行为，不是一时一事的临时措施，必须保证其长期有效性，所以应该以立法形式作出规定。

突发灾害事件的处置会在一定程度上涉及某些部门、组织机构、公众的利益，甚至在事态紧急的情况下要牺牲一部分组织或社会成员的切身利益，这就需要通过法律"授权"来保障此类举措的合法性，同时也要通过立法赋予指挥机构协调、调动各种资源、统一指挥的权力。应急预案要明确应急状态下各级组织的权限，防止权责不对等与不当使用权力而过分侵害社会公众利益。为防止重大突发灾害事件发生为目的的重建规制，决不能成为公共权力对社会经济生活和公民个人生活重新干预的理由。在防范突发灾害事件发生的同时，协调处理好政府公共应急管理权限与公民、组织权利的关系。应急状态下也要强调合法性，所以必须以立法形式做出规定。

突发灾害事件应急预案是为应对突发灾害事件而制定出来的防范、处理、管理和恢复的一套完整体系，具有强制性和权威性，各种组织和社会公众都必须遵守，所以必须以立法形式做出规定。

建立应急管理预案的立法过程也是动员、协调相关部门和教育民众的过程，同时使各级行政人员进一步明确应急状态下各自的目标和责任。对于一般公共组织，制订应急预案是立法原则的延伸，就是在组织内部建立相应的规章制度的过程，并且在这一过程中不断明确各部门各岗位的责任与权限。

2. 建立统一应急反应系统和设立统一指挥中心的原则

突发灾害事件应急预案要对处理突发灾害事件的组织机构做出具体明确的规定，建立统一的突发灾害事件应对系统与指挥中心，以统一指挥应急管理的全过程。这样可以保证应急反应系统的高效协同与快速反应。

突发灾害事件具有紧急性和突发性，必将面临巨大的时间压力，这是应急决策的主要特征之一。这就要求高度集中的指挥，以便实现快速反应。危机的处理越早越好，防止危机的扩散和升级，减少其造成的危害和损失。单一的组织结构避免了浪费在多系统指挥的各个指挥系统之间横向沟通协调的时间，能够快速有效地作出反应。

突发灾害事件的应对需要调用大量的资源，而资源的绝对匮乏是应急决策面临的又一主要特征。这也要求必须强化统一指挥原则，以提高资源使用效率，统一指挥资源的调动，避免不同部门或局部之间争夺资源的冲突和局部过激反应造成资源使用的浪费。为了有条不紊地解决突发灾害事件，就要从全局的层面上抓住关键环节，并分清轻重缓急，避免分散指挥可能造成的各自为中心、只见局部不顾全局的局面，从而可以集中优势资源抓住关键环节、解决最紧急的问题。应急状态下必须要有一个强有力的统一指挥的组织机构来协调和决策。统一的指挥系统针对突发灾害事件具有全权决策，通过明确划分权利与责任，规定不同组织层次和部门、岗位其相应的工作与职责，有助于分工明确、责权到位，有利于事件的处理环环相扣，流程顺畅，同时也避免了出现问题时相互推诿，逃避责任。

3. 突发灾害事件分级原则

根据突发灾害事件的类型与影响程度的差别，需要采取不同方式的处置方法和反应力度，同时也需要由不同层级、类型的指挥机构来统一指挥和为其设定相应的动员权限，这些都应该在地方政府应急预案中做出明确的界定，这中界定的方法就是在预案中对突发灾害事件进行分级的原则。

突发灾害事件应急管理涉及多方面利益，其应对决策也是一种复杂的多目标决策，通常会有多种利益或多目标间的矛盾与冲突，应急决策不可避免地需要在多个目标、多种利益中进行选择，因此就出现了确保主要目标，舍弃次要目标的局面。为实现快速反应与准确决策，在应急预案中需要针对可能涉及的多种利益与目标实现做出明确的排序，对政府和社会所确认的核心价值做出明确的界定，并制定出确保核心价值的措施。现代公共管理的根本目的是有效的管理社会，使社会运行更协调，它强调社会的公共利益。核心价值是由政府的基本宗旨所确定的。作为政府而言，政府代表着最广大人民群众的利益与权力，在突发灾害事件的处理过程中应将群众利益放在首位，这既是政府工作的宗旨，也是处理突发灾害事件的原则。而群众利益中最重要、最根本的就是公众的生命安全，公众的生存权是最基本的权力，公众的生命价值是最大价值。突发灾害事件应急管理和运作机制正是一种在社会非正常状态，即紧急状态下保障公众生存权利的体制，是国家安全和社会稳定不可或缺的制度安排，也是政府不可推卸的责任。所以，政府和公共组织在处理突发灾害事件时必须把保护公众的生命安全确立为其核心价值，优先得到保护。在应急预案中，除了确保公众生命安全的原则以外，还应该处理好稳定与发展、当前利益与长远利益、局部与全局、生活与生产等多方面的关系，以保证最大程度上保护最广大人民群众的根本利益。

4. 建立专业化的应急队伍和适度动员原则

随着危机的复杂性日益提高，应对突发灾害事件所需要的技术化与专业化问题越发重要，专业化的应急队伍建设必不可少。应急预案中必须明确专业化应急人员队伍的组成、培训、演练的相关内容，并将应急任务与平时的业务职能结合起来。由于应对影响范围较大的危机常常需要动员部分相关公众撤离、配合与参与，而且在应对大规模灾害、技术事故时，政府通常也需要在紧急状态下动员与征用部分民间的设备、物质资源。根据突发灾害事件的类型与危害确定适度的动员范围、时机和程度也是突发灾害事件应对预案所要涉及的内容。这些就构成了应急预案的专业化与适时、适度动员的原则。

突发灾害事件发生的情景多种多样，作为处理突发灾害事件的专门队伍，必须具备相应的专业技术知识，清楚处理危机时所肩负的责任，通过专门的培训和演习累积处置危机的经验，才能够在真正的危机到来之时应付自如。建立专业化应急队伍并非一定全都是设立专职化队伍，而多数是在城市的治安、消防、交通、急救、工程抢险等职能队伍的基础上结合民兵、志愿者组织的配合，在他们平时的业务职能上增加应对危机事件的职责，并加以培训和演练而组成。这需要应急预案明确相关队伍的职责和制定培训演练的标准。

随着社会的发展，突发灾害事件的复杂性大幅提高，应对事件所需要的技术和设备也越来越专业化。美国的很多政府机构和商家、娱乐场所等人群集中的地方都制定了内部应急计划，并为工作人员提供相关培训，以使他们在紧急情况下有能力安全地疏散人员。

突发灾害事件的性质、涉及的范围以及影响和危害的程度决定了在某些情况下应对突发灾害事件必须动员社会公众的配合、参与和征用民间资源。结合应急预案分级原则所界定的危机等级，何种情况下应该动员部分公众，何种情况下可以征用民间资源，要根据政府组织和当地社会的实际情况在应急预案中事先设定。

5. 突发灾害事件应急预案制定中的其他原则

除以上分析的四个主要原则之外，还有一些其他的原则在制定危机应急预案时也应给予充分的重视。

（1）快速反应原则。突发灾害事件演变迅速，无论是产生的原因、事态发展的结果，还是事件变化的影响因素都具有高度的不确定性，突发灾害事件应急管理者往往要面对各种信息不完全、信息不准确或是信息不及时的情况。因此，在整个突发灾害事件的发生过程中都充满了风险性、震撼性和独特性的特征，突发灾害事件的独特性使得在紧急状态下政府部门无法照章办事，突发灾害事件急需快速做出决策。突发灾害事件的这些特点决定了突发灾害事件能够越早发现，越早反应，其处理会变得越简单，其造成的破坏也越小，而且能够有效防止"涟漪效应"的出现。所以在处理突发灾害事件时要强调一个"快"字，对延误处理危机最佳时间的人和行为要明确其应该承担的责任。这一点应在应急预案的制定中作出详细的说明。

（2）尽早恢复正常组织运作与重建社会秩序原则。突发灾害事件从发生到启动应急程序，再到成功地控制住突发灾害事件的发展、保护了公众的生命财产安全之后，就应该及时转入恢复重建阶段，缩短应急管理的周期，减少资源消耗，从而有利于安定民心，有助于恢复重建工作的展开。突发灾害事件对社会或组织生存和稳定的破坏力大大超出了正常的水平，造成组织或社会整体或某一局部的失衡和混乱，一定范围内的人群失去了和谐安定的社会环境，生活在高度的不稳定之中。特别是一些由自然灾害造成的突发灾害事件和因专业的技术性灾害而造成的突发灾害事件，在造成人员伤亡和财产损失的同时，它们往往更容易造成社会重要基础的破坏，使得正常的社会生产生活无法进行。因此，政府和其他组织要尽快帮助受灾群众进行生产自救，以便尽快推动社会正常的企业生产和商业经营秩序。

（3）成本控制原则。突发灾害事件应急预案的制定也要考虑到可操作性、预案的实施在经济上是否可行以及如何才能更有效地节约人力物力等问题。同时，即使在应急状态下，决策者也要保持理性决策，减少损失。突发灾害事件应急管理的本质就是一种管理损失，如果应急反应不当而造成新的损失，那么也就是加重了突发灾害事件的危害程度。突发灾害事件对社会正常生产、生活秩序造成严重破坏，应急预案是针对突发灾害事件而制定的应对准备计划，一份计划的执行必然需要大量人力、物力的投入，这些都要计入政府或组织的管理成本。所以，在制订应急预案时要对其可行性和经济性进行科学的分析和评估。"花最少的钱办最多的事情"，这是成本管理的核心。本着实事求是的态度，本着对公众生命财产安全负责的态度，制定符合政府和组织自身实际需要的应急预案，这是每一个预案制定者必须遵循的原则。

突发灾害事件应急决策是一个非常复杂的过程。应急状态下，突发灾害事件的高度不确定性使得突发灾害事件事态的发展往往处于转折关头，即时决策效能成为一个关键性，甚至是决定性的力量，这就要求决策者具有较高的素质和非凡的决策能力。如果决策者不能时刻保持清醒头脑，不能例行决策，那么就可能直接或者间接地加重突发灾害事件带来的破坏。

（4）信息公开原则。向社会提供真实、可靠的公共信息是政府的社会责任。在突发灾害事件的处理过程中，政府应本着实事求是的态度，公布事实的真相。应急管理专家帕金森认为：突发灾害事件中传播失误所造成的真空，会很快被颠倒黑白、胡说八道的流言所占据，"无可奉告"的答案尤其会产生此类问题；过时的消息也会引起公众猜疑，并导致不正确的报道，使公众怀疑社会组织对某些信息采取了掩盖手段。因此，有效的传播管理是有效应急管理控制和处理的基础。信息公开，如实公布与突发灾害事件相关信息既有助于建立政府公信力，又可以消除公众的恐慌情绪和从众效应，尊重了公众的知情权，方便了突发灾害事件的处理，维护了社会稳定。这一点也应在应急预案中作出明确的规定。

三、风暴潮灾害应急预案的编制

（一）风暴潮灾害应急预案的编制内容

一个完整的风暴潮灾害应急预案通常应该包括以下六个方面的内容。

1. 总则

总则规定应急预案的指导思想、编制目的、工作原则、编制依据、适用范围。

2. 组织指挥体系及职责

组织指挥体系具体规定了应急反应组织机构、参加单位、人员及其作用；应急反应总负责人以及每一具体行动的负责人；本区域以外能提供援助的有关机构；政府和其他相关组织在灾害应急中各自的职责。对组织指挥体系及其职责进行规定的基本原则是：要在统一的应急管理体系下，对分散的部门资源进行重新整合和优化，把体制建设与激励机制、责任机制、公私合作机制以及观念更新相结合，从而为政府应急管理提供组织保证。从组织层次上来看，可以把灾害应急管理的机构分为领导机构、执行机构、办事机构三大类，它们共同构成一个科学的组织指挥体系。从组织网络来看，应急管理的组织指挥体系涉及纵向机构和横向机构的设置。

3. 管理流程

突发灾害事件通常遵循一个特定的生命周期。每一个级别的突发灾害事件，都有发生、发展和减缓的阶段，需要采取不同的应急措施。因此，需要按照社会危害的发生过程将每一个等级的突发灾害事件进行阶段性分期，以此作为政府采取应急措施的重要依据（若有必要，可再将每一个阶段期划分为若干等级）。应急管理流程设计正是基于突发灾害事件的生命周期而对突发灾害事件进行分期管理的，旨在建立一个全面整合的政府应急管理模式。

根据突发灾害事件的社会危害可能造成危害和威胁、实际危害已经发生、危害逐步减弱和恢复三个阶段，可将突发灾害事件总体上划分为预防预警、应急响应和后期处置三个阶段。

（1）预防、预警。主要措施包括信息监测与报告、预防、预警行动、预警支持系统、预警级别及发布等，旨在防范和阻止突发灾害事件的发生，或把突发灾害事件控制在特定类型或特定区域内。

（2）应急响应。主要措施包括分级响应程序、信息共享与处理、通信、指挥和协调、紧急处理、应急人员与公众安全防护、社会参与、事件调查分析、检测与后果评估、新闻报道、应急结束等，旨在通过快速反应及时控制突发灾害事件并防止其蔓延。

（3）后期处置。主要措施包括善后恢复、社会救助、保险、灾害事件调查报告与总结改进，旨在尽快减低应急措施的强度，尽快恢复正常秩序并从事件中学习。政府应急管理的目的是通过提高政府对突发灾害事件的预见能力、救治能力以及学习能力，及时有效地化解危急状态，尽快恢复正常的生活秩序。

4. 保障措施

随着风暴潮灾害突发灾害事件的综合性、跨地域属性日趋明显，应急管理涉及交通、通信、消防、信息、医疗卫生、救援、安全、环境到军事、能源等部门。这就要求相关部门协同运作，快速有序地采取措施，尽快控制事态发展，将灾害损失降到最低限度，从而对财力支持、物资保障、人力资源保障、法制保障、科研保障和社会动员与舆论支持方面提出了要求。各灾害应急管理部门之间的职责分配方面，可以运用职能方法，对最可能需要的各类援助进行分组，每项职能由一个主要机构领导牵头负责，其他职能部门提供支持。通过职能细分，明确应急管理过程中各环节的主管部门与协作部门，每一项职能分别对应若干各主要的牵头机构和辅助机构，并制定各机构的具体责任范围和相应的应急程序。通过以应急准备及保障机构为支线，明确各参与部门的职责，这就形成了有法可依、有章可循的部门协同运作的整体制度框架。

同时，除了通信信息、支援与装备（现场救援工程抢修、人员队伍、交通运输、医疗卫生、治安、物资、经费、社会动员、避难场所等）和技术支撑等实际部门的协同运作之外，应急预案还需要做好日常的宣传、培训、演习、监督、检查等工作，这样才能使得政府应急预案基于制度、成于规范，在实践中根据不断变化的新情况、新问题而不断发展和完善。

5. 附则

附则包括各种专业术语、预案管理与更新、跨区域沟通与协作、奖励与责任、制定与解释权、实施或生效时间等。

6. 附录

附录主要包括各种规范化格式文本、相关机构和人员通讯录等。

以上六个方面共同构成了政府风暴潮灾害应急预案的要件，它们之间相互联系、互为支撑，共同构成了一个完整的灾害应急预案框架。其中，组织指挥体系及其职责、管理流程设计、保证措施规划是风暴潮灾害应急预案的重点内容，也是整个预案编制和管理的难点所在。

（二）风暴潮灾害应急预案的编制程序

应急预案的编制程序主要包括以下内容。

（1）成立应急预案编制小组。编制小组应尽可能囊括与突发灾害事件应对相关的利益关系人，同时必须包括应急工作人员、管理人员和技术人员三类人员。小组成员应具备较强的工作能力、具备一定的突发灾害事件应急管理专业知识。此外，为保证编制小组高效工作，小组成员规模不宜过大。涉及相关人员较多时，可在保证公正性和代表性的前提下选择部分人员参加编制小组，明确规定编制小组的任务、工作程序和期限。在编制小组内部，还要根据相关人员的特点，指定小组负责人，明确小组成员分工。

（2）明确应急预案的目的、适用对象、适用范围和编制的前提条件。

（3）查阅与突发灾害事件相关的法律、条例、管理办法和上一级预案。

（4）对突发灾害事件的现有预案和既往应对工作进行分析，获取有用信息。

（5）编制应急预案。预案的编制可采用四种编写结构：①树型结构；②条文式结构；③分部式结构；④顺序式结构。

（6）预案的审核和发布。应急预案编制工作完成后，编制小组应组织内部审核，确保语句通畅，应急计划的完整性、准确性。内部审核完成后，应修订预案并组织外部审核。外部审核可分为上级主管部门审核、专家审核和实际工作人员审核。外部审核侧重预案的科学性、可行性、权威性等方面。此阶段还可采用实地演习的手段对应急预案进行评估。编制小组应制定获取外部评审意见及对其回复的管理程序。将通过内、外部审核的应急预案上报当地政府部门，由当地政府最高行政官员签署发布，并报送上级政府部门备案。

（7）应急预案的维护、演练、更新和变更。一方面，只有通过演练才能有条不紊地做出应急响应；另一方面，可以通过演练验证预案的有效性。

（三）风暴潮灾害应急预案的落实与完善

1. 应急预案之间的相互衔接

由于我国原来所制订和发布的各项应急预案部门色彩浓厚，随着我国应急预案框架体系的初步建立，不同预案之间势必存在一些不协调甚至相互矛盾的地方。一方面，已经制订、修订的各部门应急预案之间、各专项预案之间、部门应急预案和专项预案之间都需要进行协调，特别是要加强主管部门与配合部门之间的协调和衔接。另一方面，相关法律需要修改，一些新法律急需出台。在应急预案编制中，出现了现有法律不完善或没有法律的问题，一些预案暂时代替了法律的空白。

2. 各地区、各部门之间协调与平衡

当前，我国各地区、各部门之间在预案的编制、执行和管理方面很不协调与平衡，工作相对比较落后的地区，由于存在更多的风险和隐患，因此特别需要加强应急管理和编制预案。为此，应急预案框架体系建设下一步一定要完善各类应急预案，从而最终形成"横向到边、纵向到底"的预案体系。

3. 预案的执行和管理

应急预案不是万能的，应急管理也不能以不变的预案应万变的突发灾害事件，因此，需要加强应急预案的指导性、科学性和可操作性。一方面，应急规划及预案只能适用特定的情境，不能随意普适化；另一方面，规划及预案本身并不能自动发挥作用，要受其制定水平和执行能力高低的影响。为此，应急预案需要在实践中落实，在实践中检验，并在实践中不断完善。一方面，要在平时做好培训、演练、队伍建设、宣传教育和应急信息平台、指挥平台建设等准备工作，不断提高指挥和救援人员应急管理水平和专业技能，提高预案的执行力。另一方面，抓好以预防、避险、自救、互救、减灾等为主要内容的面向全社会的宣传、教育和培训工作，不断增强公众的突发灾害事件防范意识和应急管理技能。

四、风暴潮灾害应急预案演练的组织与实施

突发灾害事件应急预案编制发布后，并不能保证个人、企业和政府主管部门有效地对实际发生的紧急事件做出响应。要使预案在应急行动中得到有效的运用，充分发挥其指导作用，还必须对组织内员工和所有相关人员进行宣传和培训，对应急预案进行演练，让他们掌握应急知识和技能。如果不进行培训和演练，就如同只给战士发枪，而不去给他们弹药和教给他们使用方法，这样只有武器是不能够作战的。

应急培训与应急预案演练的基本任务如下：

（1）锻炼和提高队伍在突发灾害事件情况下的快速抢险堵源能力。

（2）提高及时营救伤员的能力。

（3）正确指导和帮助群众防护或撤离。

（4）有效消除危害后果。

（5）开展现场急救和伤员转送等应急救援技能和应急反应综合素质的培训。

（6）有效降低事故危害，减少事故损失。

1．应急培训

公共管理组织应让所有相关的应急人员接受应急，掌握必要的防灾和应急知识，以减少事故的损失。通过培训，可以发现应急救援预案的不足和缺陷，并在实践中加以补充和改进；通过培训，可以使事故涉及的人员包括应急队员、事故当事人等都能了解一旦发生事故，他们应该做什么，能够做什么，如何去做以及如何协调各应急部门人员的工作等。组织应急管理小组在培训之前应充分分析应急培训需求、制定培训方案、建立培训程序以及评价培训效果。

2．应急演练

应急演练是指来自多个机构、组织或群体的人员针对假设事件，执行实际紧急事件发生时各自职责和任务的排练活动，是检测重大事故应急管理工作的最好度量标准，是评价应急预案准确性的关键措施，演练的过程也是参演和参观学习人员的学习和提高的过程。

应急演练的目的是：验证应急救援预案的整体或关键性局部是否能有效的付诸实施；验证预案在应对可能出现的各种紧急事件方面所具备的适应性；找出预案可能需要进一步完善和修正的地方；确保建立和保持可靠的通信联络渠道；检查所有有关组织是否已经熟悉并履行了他们的职责；检查并提高应急救援的启动能力。应急准备是一个长期的持续性过程，在此过程中应急演练可以发挥如下作用。

（1）评估组织应急准备状态，发现并及时修改应急预案、执行程序、行动核查表中的缺陷和不足。

（2）评估组织重大事故应急能力，识别资源需求，澄清相关机构、组织和人员的职责，改善不同机构、组织和人员之间的协调问题。

（3）检验应急响应人员对应急预案、执行程序的了解程度和实际操作技能，评估应急培训效果，分析培训需求，同时，作为一种培训手段，通过调整演练难度，进一步提高应急响应人员的业务素质和能力。

（4）促进公众、媒体对应急预案的理解，争取他们对应急工作的支持。通过演练，可以具体检验如下项目：

1）在紧急事件期间通信是否正常。

2）人员是否安全撤离。

3）应急服务机构能否及时参与事故救援。

4）配置的器材和人员数目是否与紧急事件规模匹配。

5）救援装备能否满足要求。

6）一旦有意外情况，是否具有灵活性；现实情况是否与预案制定时相符。

3. 演练实施的基本过程

由于应急演练是由许多机构和组织共同参与的一系列行为和活动，因此应急演练的组织与实施是一项非常复杂的任务，应急演练过程可以划分为演练准备、演练实施和演练总结三个阶段。各阶段基本任务如图 3-3 所示。

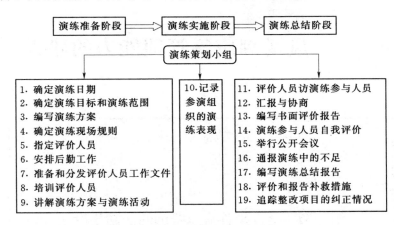

图 3-3　应急演练实施的基本过程

组织应建立应急演练策划小组，由其完成应急准备阶段，包括编写演练方案、制定现场规则等在内的各项任务。

4. 演练结果的评价

演练结束后，进行总结与讲评是全面评价演练是否达到演练目标、应急准备水平及是否需要改进的一个重要步骤，也是演练人员进行自我评价的机会。演练总结与讲评可以通过访谈、汇报、协商、自我评价、公开会议和通报等形式完成。

策划小组负责人应在演练结束规定期限内，根据评价人员演练过程中收集和整理的资料，以及演练人员和公开会议中获得的信息，编写演练报告并提交给有关管理部门。

追踪是指策划小组在演练总结与讲评过程结束之后，安排人员督促相关应急组织继续解决其中尚待解决的问题或事项的活动。为确保参演灾害应急组织能从演练中取得最大收益，策划小组应对演练发现的问题现进行充分研究，确定导致该问题的根本原因、纠正方法、纠正措施及完成时间，并指定专人负责对演练中发现的不足项和整改项的纠正过程实施追踪，监督检查纠正措施的进展情况。

第四章

风暴潮应急管理能力的建设

第一节　突发事件应急管理的法制建设

第二节　风暴潮灾害应急管理的硬件建设

第三节　管理人员应对风暴潮灾害的应急
　　　　管理能力培养

第四节　构建全社会的风暴潮灾害应急
　　　　管理网络

第一节 突发事件应急管理的法制建设

突发事件应急管理法律体系是指调整公共紧急状态下各种法律和法规的总和，它规定社会和国家的紧急状态及其权限。它是由不同的立法主体依照不同的程序制定的、效力等级不同的规范性文件共同构成，包括宪法、基本法、一般法律、行政法规、地方性法规、行政规章等。

一、构建我国突发事件应急管理法律体系的必要性

制度是用于规范人的行为，保证方针、政策得以实施，实现组织有序运行的约束性规则。制度是准绳、是保障，只有建立科学完善的制度，才能在突发事件应对处理中做到有法可依、有章可循，才能保证政府公共管理的长期战略地位。国家公共灾害应急系统要高效稳定运行，发挥应有的作用，还必须以完善的相关法律法规作为保障。没有完善的公共灾害应急法律，突发事件就不可能及时、高效地得到处理。历观以往政府处理各类突发事件的情况都会发现政府在每一次处理事件时大多显得被动，之所以出现这样一个局面，很大程度是源于法律制度的缺失。

目前，在全国范围内，由于我国刚出台《突发事件应对法》不久，一些配套的法规还在制定过程中，而《戒严法》、《防洪法》、《国防法》、《防震减灾法》、《传染病防治法》等，这些单行的法律只能适用于一种紧急状态，一旦紧急状态产生的原因复杂，就很难有一个统一的紧急状态下的指挥机制。因此，无论是中央政府，还是地方各级政府，都应建立起比较完整、统一的应急管理法律制度。通过完备、统一的应急管理法律制度，对应急管理机构的设置及其权利义务、管理机构各职能部门的权力义务、组织运行程序、政府紧急权授予的规定、社会各阶层和公众的责任和义务、紧急管制措施规定、政府社会动员和征调规定、公民权利保障规定、政府信息通报规定、危机处理绩效考核、奖励机制及责任追究等问题作出明确法律界定和相应的操作执行法规等。有了法律作为保障，政府就能够依法实施应急管理，主动有序地对突发事件给予及时有效的控制，为解决处置赢得宝贵的时间，从而摆脱被动局面。

二、突发事件应急管理法律体系的法律特征

突发事件应急管理法律规范是一个国家法律规范体系中的重要组成部分。应急管理法律规范是与非应急管理法律规范相对应的。应急管理法律规范与非应急管理法律规范相比，主要有以下几个特征：

（1）应急管理法律规范主要是调整应急时期国家机关如何行使紧急权力的，相对于非应急管理法律规范来说，应急管理法律规范一般赋予国家机关，特别是行使紧急权力的国家机关以较大的自由裁量权。

（2）应急管理法律规范在保护公民权利方面更注重对社会公共利益的保护，因此，应急管理法律规范一般对公民个人的权利都会作出一定的限制，并且规定公民个人在应急时期应当承担的应急法律义务。

（3）应急管理法律规范具有较强的时效性，一般仅仅适用于应急时期，一旦应急时期终止，应急管理法律规范也就不能再予以适用。

（4）应急管理法一般都具有强制性，法律规范调整的对象，不论是行使紧急权力的国家机关，还是一般的公民，都必须无条件地服从应急规范的规定，而不能像平常时期那样可以享有法律上的某些自由选择权。

（5）应急管理法律规范具有高于非应急管理法律规范的法律效力，具有适用上的优先性等。

正因为应急管理法律规范具有以上重要的规范特征，所以，在一个国家的法律体系中，凡是具有上述应急管理法律规范特征的法律规范就构成了一个独立的法律规范体系，即应急管理法律体系。

应急管理法律体系与一个国家的法律体系的基本结构是一致的，既包括应急管理法律规范的法律形式体系（图4-1），也包括应急管理法律规范的内容体系。从法律形式体系来看，应急管理法律规范可以通过一个国家的各种具有法律效力的法律形式表现出来，包括宪法对应急管理法律规范的规定，人大制定的法律对应急管理法律规范的规定，行政机关制定的行政法规和行政规章对应急管理法律规范的规定以及地方性的立法机关制定的地方性法规对应急管理法律规范的规定。

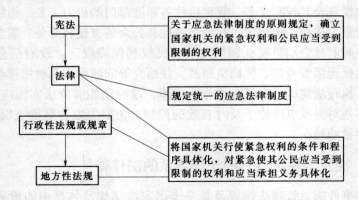

图4-1　突发事件应急管理法律规范的法律形式体系

应急管理法津规范从制定和发布的时间来看，可以分为平常时期通过正常立法程序制定的应急管理法律规范和在应急时期通过紧急程序制定的应急法律规范。从合法性的原则来看，在应急时期通过紧急程序制定的应急法律规范必须符合平常时期通过正常立法程序制定的法律规范（图4-2）。

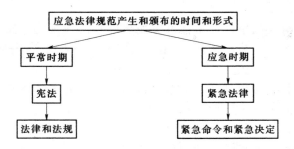

图4-2　平常时期和应急时期的应急法律规范产生程序

从应急管理法律规范调整的对象来看，应急管理法律规范主要包括应急权力规范和应急权利规范、应急义务规范三种类型；从应急管理法律规范所调整的社会关系领域可以发现，应急管理法律规范涉及战争法律规范、紧急状态法律规范、灾害法律规范、公共安全法律规范等。

总之，应急管理法律规范所构成的应急管理法律体系是多角度的、多层次的。这些法律规范都具有应急管理法律规范一般规范功能和法律特征，它们与非应急法律规范一起共同构成了一个国家统一的法律体系的重要组成部分。

三、我国突发事件应急管理法制建设与完善

1. 国内应急管理法律制度的建设现状

我国从1954年首次规定戒严制度至今，已经颁布了一系列与处理突发事件有关的法律、法规，各地方根据这些法律、法规又颁布了适用于本行政区域的地方立法，从而初步构建了一个从中央到地方的突发事件应急处理法律规范体系。这主要包括：

（1）战争状态法律规范。例如《国防交通条例》、《民用运力国防动员条例》、《兵役法》、《预备役军官法》和《人民防空法》。

（2）一般的紧急情况法律规范。涉及某些单行的紧急状态法律规范，如《突发公共事件应对法》、《对外合作开采海洋石油资源条例》第26条、《公安机关人民警察内务条令》第21条、《戒严法》第2条、《专利法》第52条，等等。此外，在我国批准和签署的国际条约、协议中，涉及一般紧急状态法的多达20余个。

（3）恐怖性突发事件法律规范。恐怖性突发事件在一般紧急情况中危

险度最高，但我国至今尚无国内法意义上的专门的反恐怖法律出台，除了最高人民法院、最高人民检察院、公安部2001年联合发的《关于依法严厉打击恐怖犯罪活动的通知》以外，反恐怖机制主要体现于我国参加或缔结的国际条约、协议。

（4）骚乱性突发事件（群体性突发事件）法律规范。我国现阶段应对骚乱的主要法律是《戒严法》，还有《公安机关人民警察内务条令》第13条、《民兵战备工作规定》第39条，等等。

（5）灾害性突发事件法律规范。目前我国的灾害性突发事件法主要包括：①地震灾害法律；②洪灾法律；③环境灾害法律；④地质灾害法律等四个方面。

（6）事故性突发事件法律规范。我国关于事故防治的立法范围非常广泛，立法形式涉及法律、行政法规、地方性法规和规章。主要的法律包括：①交通事故法法律；②核事故法律；③公共卫生事故法律；④火灾事故法律；⑤生产安全事故法律等五大方面。

（7）公民权利救济法律规范。涉及公民、法人和其他组织的合法权益由于公共危机的行政应急措施受到损害之后的补救机制，包括行政复议、行政诉讼、国家赔偿和补偿方面的法律规范。

2. 国内应急管理法律制度建设中存在的问题

从总体上说，我国已经在构建突发事件应急法律体系方面具有一定基础，这主要表现在现行宪法、法律、法规中已有一些关于应急法律规范。这为应对突发事件带来的社会危机，依法实施有效的危机管理，提供了一定的法律保障。但是，相对分散、不够统一的应急法制还存很多问题和不足。这些法律、法规和规章的针对性强、行业特点突出，但这些法律本身的部门管理色彩太浓，缺乏政府各部门之间、政府和社会之间的协调与合作，缺乏对突发事件共同规律的总结，不具有普遍的指导性。特别是各职能部门针对单一的事件采取的应对措施，约束效力级别低，缺乏对连带发生事件的应对处理，还不足以担当建立现代应急管理制度的完整功能；在应对现代出现的高频度、多领域的紧急事件时，往往显得力不从心。同时还存在其他公共应急法制不健全与不完善等问题，以公共卫生紧急法律制度为例。我国《传染病防治法》第3条规定，国务院和国务院卫生行政部门可以根据情况增加传染病病种并予公布。但是，哪些情况下必须或可以增加，通过何种程序（如应否经过公开听证）来增加，如果必须增加而有关部门不作为或拖延作为时应承担何种责任等，有关法律却未作出明确规定，给重大突发事件的政府应急管理实践和责任的追究造成困难；我国公共应急法制的执行也不到位，主要表现为有法不依、执法不严、行政不作为、难获救济，等等；许多突发事件应急处理立法的可操作性不强，表现为在内容上较为原则、抽象，缺乏具体的实施细则、办法相配合，尤其是紧急行政程序法律规范严重不足。多数突发事件应对处理立法在给应急机构配置紧急处置权力的同时却忽视了权力控制和对紧急权力造成的伤害后果的救济途径，忽视机构之间的横向协调与监督关系，忽视程序性约束机制，忽视发挥下级机关和非官方机构的积极性、自主性和创造性；公共应急法制的实施环境有待改善。从实践效果来看，公共应急法制的社会基础条件，如公共应急法制的公众知晓度、认同度、适应度和配合度以及社会心理状况，等等，有待进一步改善。这也是造成已有的公共应急法律规范未能充分发挥出应有保障作用的重要原因之一。

我国目前采用一事一法的立法模式，这种模式是与行政体制的条块分割现象紧密相连的，不同种类危机的管理部门相互独立，协调不足，导致我国的危机管理法律独立性强，部门管理色彩严重。当前一事一法模式中某些"事"的法律体系不完备，甚至还是立法空白。以地质灾害为例，据中国地震局统计，2003 年全国共发生地震 21 次，直接经济损失 466040 万元。据国土资源部统计，2003 年全国共发生地质灾害 15459 次，直接经济损失 504325 万元。但是目前除了地震立法比较完备之外，关于其他地质灾害的立法还很欠缺。2004 年 3 月 1 日实施的《地质灾害防治条例》暂时弥补了这一立法空白，但这只是行政法规，尚需人大立法。再比如，海洋灾害和公共设施事故等立法仍几乎是空白。因此，我国突发事件应急管理的一事一法模式仍需要进一步完善。

3. 我国突发事件的应急管理法律体系的构建

我国的突发事件的应急管理法律体系应当以各种专门的防灾减灾法、各种专门的突发事件应急法与灾害救助法构成，危机的每个阶段都要有法可依，逐步完善一阶段一立法的模式。

防灾减灾法应当以发挥各级人民政府在日常突发事件应急管理中的组织、协调作用为主，突出政府各部门在突发事件应急管理中的相互协作。

突发事件应急法的部门条款适用于非紧急状态下的一般应急，部分条款适用于紧急状态，因此也是紧急状态法体系的一部分。

灾害救助法用于规范突发事件发生后的各种救助工作。国务院发布的《国家突发公共实践总体应急预案》中"财力保障"第一款规定："要保证所需突发公共事件应急准备和救援工作资金。对受突发事件影响较大的行业、企事业单位和个人要及时研究提出相应的补偿或救助政策。要对突发事件财政应急保障资金的使用和效果进行监管和评估。"第二款规定："鼓励自然人、法人或者其他组织（包括国际组织）按照《中华人民共和国公益事业捐赠法》等有关法律、法规的规定进行捐赠和援助。"关于第一款对应的法律依据目前分散于部分危机管理法中，如《防洪法》第六章、《防震减灾法》第33条，但在其他相关法律中没有任何相关规定。因此，制定并完善《灾害救助法》，对各救助事项作出统一规定，既能使救助工作有序进行，提高救助效率，又能规范救助工作，便于公众监督。我国的突发事件的应急管理的法律体系如图4-3所示。

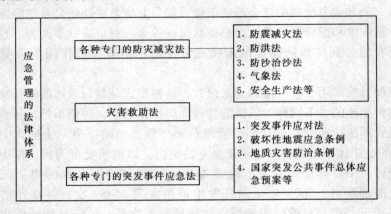

图4-3 我国突发灾害事件应急管理的法律体系

第二节 风暴潮灾害应急管理的硬件建设

一、完善风暴潮监测体系，提升预警预报能力

我国风暴潮的监测是提高风暴潮灾害应急管理能力非常重要的关键环节，准确及时的潮汐观测资料是风暴潮预警报发布的必备资料。目前，我国沿岸风暴潮监测站点偏少，与美国、英国、日本等国家相比仍存在较大差距；此外，监测站点的分布稀疏不均，目前沿海、入海河口以及感潮河段的现有验潮站布局也不尽合理，有的风暴潮频发区和严重区验潮站稀少，甚至无验潮站，不能对风暴潮实施有效的监测。因此，必须不断增加大海洋环境立体监测网建设，特别是风暴潮、海浪（特别是近岸浪）监测能力的建设。鉴于风暴潮往往与近岸浪结合而成灾的特点，应增加沿岸小型浮标测浪投放点，以满足预报技术进步和防灾减灾对资料的需求。同时在沿海、入海河口以及感潮河段等风暴潮灾害多发区增加沿海岸观测站，提高监测的密度和精度。在无验潮观测的风暴潮频发区和严重区增设无人值守的遥测自记验潮站。遥测自记验潮站和一些电力供应没有保证的验潮站，应开发应用包括太

阳能电池板在内的新能源，最大限度地保证在任何情况下（特别是恶劣海况下）验潮仪正常工作，资料传输畅通。

我国沿海风暴潮监测站点绝大部分由国家海洋局、水利部、交通运输部和海军等部门分别管理，目前尚未建立起可具操作性的验潮资料共享机制，资料共享难度较大。国家海洋局外的潮位观测资料目前还未纳入国家风暴潮预警监测网，部门之间资料传输系统没有实现并网。因此需要加强不同部门之间的沟通和协调工作，以保证我国沿海验潮站合理布局、资料共享和风暴潮的监测系统的有效运行。

预警报产品传输网络亟须提高。现有的预警报产品传输网络系统技术相对落后，传输速度不能满足目前日益增加的海洋灾害应急管理的要求；风暴潮预警产品还未能及时分发到沿海社区第一线；手机短信等公众信息分发手段尚未完全建立。针对上述不足，需要利用现代通信技术和网络技术，采取有线与无线相结合，光纤通信与微波、卫星通信相结合，建立多灾害的海洋预警报信息传输系统，实现观测数据和预警产品等高速、稳定传输。

二、加强海堤建设，提高抵御风暴潮的能力

海堤是沿海地区重要的人工防御风暴潮屏障之一，是沿海地区经济社会发展的生命线。我国沿海海岸线漫长，从北到南的风暴潮灾害防御能力由于各省（自治区、直辖市）的海岸带属性以及经济能力的差异而导致防潮能力存在很大的差别。在经济发达的沿海省份，达标的海堤多，防御的能力相对较强。

因此，在短期难以大幅度提高自然防护能力的现状下，应建设高标准的防潮堤防，开展海堤达标建设，合理搭配消浪石、防波堤坝、泄洪闸以及干渠等配套设施。应按照防御50年—遇高潮位加10级风浪的标准建设沿海堤坝，对于重点地区如河口，喇叭形海湾等风暴潮重灾区要提高堤坝建设标准。结合风暴潮灾害风险评估和区划，合理制定沿海开发活动。

三、加强生态建设，有效抵御风暴潮灾害

红树林、珊瑚礁等滨海湿地生态系统是沿海地区有效抵御风暴潮、海啸等海洋灾害的天然屏障。国际海岸侵蚀控制联合会的生态学家们通过实验证明：具有红树林、珊瑚礁等滨海湿地自然生态系统的地区在面临同样的海洋灾害时，90%的实验区海岸都因为有严密防护发挥的防灾功能而得以挽救；反之，没有这一生态工程保护的沿海村镇则损失殆尽。

尽管滨海湿地具有抵御海洋灾害的重要生态功能，但是由于各种海岸带急功近利的盲目开发，许多天然分布的滨海湿地已经遭受严重破坏。20世

纪 50 年代，中国约有红树林 5 万公顷，但是经过 20 世纪 50 年代的毁林建堤、60～70 年代的围海造地、80 年代的乱砍滥伐、90 年代以来的围塘养虾等几次破坏高峰，以及海岸工程建设和海洋环境污染等不合理的海洋开发利用活动，导致红树林资源急剧减少，至今仅存 1.5 万公顷。同时，红树林种类也在减少，其群落结构和生态功能都呈退化状态。

因此，合理规划我国沿海地区的经济开发活动，在保证现有滨海湿地、红树林等能有效防护海洋灾害的自然生态系统的同时，加大滨海生态系统群落结构和生态功能恢复和保护力度，适度进行围海造地，保证自然资源和人类社会的和谐共处。

第三节　管理人员应对风暴潮灾害的应急管理能力培养

风暴潮灾害应急管理人员的应急管理能力培养要靠日常工作经验的积累，并通过继续教育和短期培训，以及自我学习等方式来实现。风暴潮灾害应对能力的培养是风暴潮应急管理能力建设的重要内容和基础，人员的能力是本质性的、基础性的因素，必须重视应急管理人员的教育和培训，要定期举办培训和学习班，使应急管理人员的素质和知识不断得到提高和更新。

一、基本要求

1. 政治素质

政治素质是决定应急管理人员的立场、观点和方法的根本性素质。主要体现在以下几个方面：

（1）基本立场和观念。是否能以对党和人民高度的责任感，全心全意为人民服务，坚持维护全体人民的根本利益，尽职尽责，以人民的意愿为意愿，以人民的满意不满意作为衡量工作的最高标准。

（2）政策水平。是否能够掌握和领会党和政府的相关政策和法规的精神实质，能否坚持四项基本原则，创造性地贯彻执行党和政府的路线、方针、政策，坚持原则性和灵活性相结合，能够积极有效地处理和应对风暴潮灾害事件中发生的新问题、新情况。

（3）政治敏锐性和鉴别力。能善于发现事物苗头性、倾向性的问题，把握事物发展的规律，正确判别事物的本质和性质，并据此做出正确的决策。

2. 知识能力

知识就是力量，是能力的基础，知识结构影响人的世界观和视野，决定人认识世界、把握事物的能力。在知识时代，知识量、信息量不断迅速地增长，如果不紧跟时代的步伐，不更新自己的知识，就无法立足于现代社会，不能适应新问题和新情况。知识素质是指知识结构和知识量，要求掌握各方面的知识，包括社会科学、自然科学、人文科学等，不仅知识面要广，而且要求掌握大量的信息，了解最新社会发展状况和趋势、科学技术发展的新动态，还要掌握大量的数据，如市场经济基本数据、技术指标和标准等。

知识素质是一个变量，是一个动态的概念，随着时代的变迁和发展，它的定义和要求也随之改变。知识需要不断更新，观念应随时代而改变，灾害应急管理人员应积极做好自我调整，要有超前意识，及时补充自己的知识，调整知识结构，以适应应急管理的需要。例如，在风暴潮灾害管理中就需要掌握现代的信息化知识、现代管理学的知识、法律法规知识等，保障应急管理的水平和高效。

3. 专业素质

风暴潮灾害应急管理是一项专业性十分强的灾害管理工作，其中风暴潮灾害是海洋灾害专业独有的一门专业知识，掌握这一专业知识的范围极小，仅限于水利和海洋行业，其他专业人员很难涉足。但风暴潮灾害应急管理所涉及的相关方面又具有广泛性，涉及海洋监测、工程建筑、危机管理等方面的内容。因此，灾害应急管理人员需要具有一定的学历和工作经验。

此外，还应具备普通公共危机应急管理的专业素质，如公共管理专业素质、媒体管理与交流技巧、形象塑造的专业素质，还包括新闻发布的流程组织、应急预案的拟定、沟通协调、紧急召集与动员、善后安置、事后评估与重建等方面的能力和素质。

专业素质培养需要有一定学历和实际经验，加上继续教育和短期培训，在实际操作方面，需要定期组织预案演练，熟练掌握各种程序、规程和方案，熟悉风暴潮灾害的发展演变规律，熟悉需要管理的实际环境，磨合各专业组的配合和协作关系。总之，应有组织、有计划、有目的地组织培养灾害应急管理人员和专业技术人员的专业素质。

4. 身心素质

风暴潮灾害带来的灾难是巨大的，往往使人感到措手不及，对人的心理产生巨大的震撼，心理压力。应急管理人员往往要在很短的时间内完成大量的应急处置工作，给人的身体也会造成极大的压力。因此，水危机应急管理人员应具有良好的心理和身体素质，面对危机事件要处变不惊，沉着冷静，从容应对。风暴潮灾害应急管理人员所要求的身心素质主要体现在以下几个方面：

（1）沉着冷静。面对危机事件要保持镇静，处乱不惊，能够保持理性，从容应对。

（2）勇敢果断。要有临危不惧的精神，坚持科学态度，仔细分析，认真筹划，在充分思考的基础上，应能果断决策，做到多谋善断。

（3）心胸豁达。要心无杂念，豁达大度，坚毅有力，善于团结协作，相互帮助，相互配合。遇事不相互推推诿，不计较利益得失，勇于承担责任。

（4）身体健康。风暴潮灾害往往时间短、突发性强，灾难造成损失大，需要应急管理人员在短时间承担高强度的工作负荷，为了保证应急管理工作的迅速和高效，要求应急管理人员具有健康的体魄，能够连续作战。

二、培养途径

1. 理论学习

理论学习要根据现有人员的知识结构情况，结合最新科学技术的发展状况和管理需要，开展新理论、新技术和新装备的学习和培训。理论学习一般以课堂教学为主，定期进行培训。学习内容包括学习马克思主义哲学的认识论和方法论，以唯物主义的世界观探索人类社会和自然界的奥秘及其发展规律，掌握正确的立场观点和方法，能够正确地理解上级指导方针和政策，提高政治理论素养，正确地把握大局和大方向；学习和了解各方面的专业知识，完善自己的知识结构，开阔视野，使知识面遍及经济、法律、科技、文化、历史和信息等领域；学习风暴潮灾害应急预案，熟悉预案的内容、要求、应急方法和步骤，特别要多研究对事态的分析判断和决策的方法以及主要因素。

2. 实践锻炼和演习训练

实践锻炼的目的是使应急管理人员熟悉各类防风暴潮工程的各方面情况，提高其专业实际经验和解决实际问题的能力。在实践中，应结合日常管理工作，注意在出现的各种小事故和问题的处理中学习实际的应对技巧和经验，在实践中锻炼自己，不断提高应对能力。在实践中，积极调查，认真观察，从事物的细微变化中发现问题，提高发现问题、辨别问题的敏锐性。

其次要在各种危机预案的演练中学习，提高预案的落实能力，熟悉预案的实际环境，加强相互之间配合的默契。

3. 开展交流与研究

风暴潮灾害应急管理是全方位的管理，涉及政治、经济、法律、社会和技术等各个方面，对社会各个层面都有深刻的影响，特别对海洋渔业、水利行业和海岸工程有着更加深刻的影响。虽然随着社会经济的不断发展，风暴潮灾害应急管理的重要性逐步为人们所认识，但目前风暴潮灾害应急管理还处在初始阶段，对风暴潮灾害应急管理的认识还比较低，许多方面还有待改进和发展，需要从各个方面开展研究和交流。通过学习和交流，可以了解风暴潮灾害应急管理的最新动态，了解灾害应急技术的发展和新装备的应用情况，可以借鉴他人、他地甚至他国的经验和教训，为改善风暴潮灾害应急管理，提高管理水平提供新的观念、方法和技术。

在加强学习交流的同时，也应积极开展科学研究，研究和总结好的管理方法和理论，研究相关科学理论，研发相关的新技术、新材料和新装备，主动积极地推动水危机管理及其处理技术的发展和进步。

三防系统应根据风暴潮灾害应急管理的实际问题和要求，提出相关的科研项目，按照轻重缓急，优先安排急需的、重要的课题立项，组织较强的科研力量，投入适当的资金，力争在主要方向取得较大的成果，推动风暴潮灾害管理及处理技术与科学的发展。

第四节　构建全社会的风暴潮灾害应急管理网络

风暴潮灾害应对一般由当地三防主管部门负责管理，管理的大部分内容都与水利、海洋有关，在水利和海洋行政主管部门管辖范围之内，但由于风暴潮灾害影响范围极广、影响深远，人、财、物消耗极大，很多情况下不是地方上述两个主管部门所能承受的，也超出其管理范围，需要政府其他部门以及社会各方的支持和协助。固然水利、海洋行政主管部门应负起风暴潮灾害应急管理的职责，但也要强调社会组织和个人在灾害应急管理方面的责任和义务，只有动员各方力量，才能保证风暴潮灾害应急管理的高效、快速、协调和灵活，以确保灾害应急管理的效果。

一、构建风暴潮灾害应急管理的社会网络

构建灾害应急管理的社会网络就是要吸纳和动员社会各种力量，通过对各种社会资源的调整和整合，形成整体合力，共同应对灾害。要实现充分调动社会各种力量和民众的积极性，整合社会各种资源和技术力量，需要构建社会整体风暴潮灾害应对网络。

1. 政府部门

我国政府部门是按行业分类设置的，风暴潮灾害应急管理作为三防管理的一个内容，属于水行政主管部门管理的职责。风暴潮灾害对社会经济与人民的生命安全的影响极大，其规模和影响范围决定风暴潮灾害管理需要政府内各部门的协作和支持，应在政府内部建立一个跨部门、跨地域的应对

网络。

目前，我国的防汛抗洪体系就是组建的以行政首长负责，政府各有关部门、社会有关组织参与的防汛抗洪指挥部，形成防洪应对网络。

加强宣传立法工作也是政府在风暴潮灾害应急管理中的职责。通过开展灾害的宣传工作，加强广大人民的对风暴潮灾害的认识，提高全民的防灾意识和避灾能力。例如，风暴潮灾害最严重的孟加拉国灾害的宣传、教育经验值得我们重视。在孟加拉国，工程减灾与非工程减灾同等重要。为减缓或减轻灾害的影响，孟加拉国政府坚定地相信，非工程减灾措施需要像工程减灾措施那样执行。截至 1998 年 12 月，孟加拉国政府举办各类灾害培训班和研讨会 183 次，有 10099 人（各阶层代表）参加了风暴潮灾害的培训与研讨。风暴潮灾害防御知识已写入中小学教科书。建立与风暴潮防灾减灾配套的相关法律法规，减少风暴潮带来的损失。

2. 非政府组织

非政府组织是指不以营利为目的、主要开展各种志愿性公益和互益活动的社会组织。非政府组织作为政府和市场体系组织之外的第三种社会力量，具有众多促进社会进步的职能，在参与公共政策制定、推动公益事业发展、开展抗灾自救方面发挥重要作用。由于社会志愿组织是由社会各方面有志人员组成，其中不乏各行业的专业技术骨干和杰出人员，它能够很好地整合民间社会资源，由于其民间性、公益性和志愿性特点，在风暴潮灾害应急管理中，能够很好地调动社会资源。

3. 企业及其基层管理单位

企业组织是社会市场体系的基本单位，为社会提供各种物质产品和服务，在现代社会企业业务范围和经营地域不断扩大，对社会的影响日益深远。在风暴潮灾害应急管理中，企业能提供各种支持和协助，如施工企业可以提供高度现代化的施工设备和技术；相关生产企业可以提供风暴潮灾害的应急救灾物资的生产和供应。风暴潮灾害来临时，灾害当地各种企业也面临巨大的威胁，而且是主要的利益攸关方，企业不能置身于事外。风暴潮灾害应急管理中需要借助当地企业的资源，灾后重建和恢复也需要企业的参与与支持，因此企业在风暴潮灾害应急管理中发挥着不可替代的作用。

4. 社会公众

风暴潮灾害具有群体性的特征，其危害对象就是相关地区人民的生命、财产和社会公共秩序，而灾害应急管理的目标是保护相关地区人民的生命、财产，维护社会公共秩序，将灾害造成的损失和影响减缩到最低。在灾害应急管理中，唤起公众的危机意识，增强公众的自我管理和自救能力，有利于减缓危机的冲击力和影响范围，同时使灾害应急管理的活动获得公众的大力支持和协助。

因此，风暴潮灾害应急管理应注重平时的危机意识教育，有计划地开展预防演练；在紧急情况下，应做好危机动员和推动自救等。

5. 国际社会

在重大和特殊的灾害事件中，利用国际的先进技术和经验来应对危机有极大的帮助。各国在某些技术和装备方面都有各自的特长，应对风暴潮灾害的某种状况也各自具有丰富的救灾经验，接纳国际的援助有利于对风暴潮灾害的防范和控制。

此外，国际的援助资金和技术可以帮助我们灾后的恢复与重建，加快恢复与重建的步伐，提高我国在风暴潮灾害应对与恢复重建方面的管理和技术水平。因此，建立全球危机应对合作机制，对危机预防和应急管理都有重要意义。

二、灾害应急联动系统

灾害应急联动系统是指将区域或城市的公安、交通、消防、医疗急救、防洪、防震、防空、防污染、供水、电力、公共事业（包括邮政电话、城管投诉、水电及线路抢修、工程抢险、燃气管道抢修）等方面整合在一起，建立先进的统一指挥调度平台，实现所有报警、急救、求助、投诉等的统一管理——只拨打统一的电话号码，统一调度，资源共享，就近快速处理。

1. 城市或区域联动系统的意义

灾害危机类型繁多，人口集中的区域、城市发生的天灾人祸所造成的损失是无法估量的，而城市基础设施和管理能力都存在许多不足，社会经济发展不均衡等也给危机管理带来困难，另外，还存在资源分布不均，共享程度不高，资源重复配置，资源利用率不高等问题。行业间存在的条块分割使得灾害应急管理各自为政，缺乏协调联动反应机制，造成危机管理反应慢。

建立城市或区域联动系统在下面几个方面有现实意义：

（1）联动管理、实现快速反应。城市公共危机管理需要得到各方的支持，特别是需要涉及众多的政府部门，有些紧急事件一时难以确定主管部门时，就会造成相互推诿，甚至出现谁都管、谁都不负责任的混乱现象，严重拖延危机反应时间。因此，需要建立区域或城市的联动系统，通过统一的联合行动，才能做到快速反应，及时有效地控制事态的发展。

区域或城市联动系统能够实现政府各机关构建内部公共网和资源共享，实施统一调度指挥，以同一窗口服务社会公众，遇到紧急情况力争在最短的时间及时把握情况，做出准确判断和科学决策，协调内部分工，及时处理。

（2）实现资源共享，降低管理成本。在增强区域或城市的抵御风险能力方面，可以通过区域或城市的联动机制，充分利用社会公共管理资源，减少资源的重复配置和不必要的管理环节，可以大大提高灾害的快速反应能力，降低灾害应急管理成本。

（3）整合各方力量，提高应急管理的能力。区域或城市联动系统的建立不仅能实现资源共享，加快反应速度，而且还有利于整合政府各部门和社会各方力量，可以最大限度地动员社会各专业技术力量，形成抵御灾害的合力，因而极大限度地提高区域或城市的灾害应对能力。同时，区域或城市联动系统的建立也将完善政府的社会管理和公共服务职能的手段，提高政府处理紧急事件的快速反应、抗风险能力和管理能力，使政府灾害应急管理水平更上一个台阶。

2. 城市或区域联动系统的建立

（1）理顺关系、组织协调和统一领导。城市或区域联动系统的建立涉及政府内的公安、卫生、消防、交通、通信、电力、水利、城建等众多部门，系统建设涵盖人流、物流、信息流、资金流的管理，政府管理和各部门业务流的整合和再造，实现各部门业务系统的互联互通，资源、服务和网络共享。所有这些都将涉及观念和职能的改变，管理机制改革、工作关系的理顺和组织关系的协调等，只有加强统筹规划，理顺关系，才能实现统一领导，建立协调联动系统。

（2）妥善解决系统建设资金和运行管理费。城市或区域联动系统建设属于社会管理基础设施，系统建设资金和运行管理费应由各级政府负担。中央财政负责全国范围的统筹安排，重点支持贫困地区和重点建设项目；地方财政负责筹集其余不足部分，富裕地区应以地方财政投入为主，地方财政可以多投入，建设标准可以适当提高。另外，中央可在国债基金、政策性贷款以及免息贷款等方面，对贫困地区给予补助和补贴，也要广开渠道解决系统建设资金和运行管理费，可以接受民间捐赠，或通过立法向企业或个人收取一定的经费。

（3）统筹建设城市或区域联动系统。城市或区域联动系统建设要统筹规划，统一制定系统的发展规划、政策措施，要统一标准、规范。要根据城市发展的实际状况，在充分利用现有应急系统的基础上，加以完善，合理配置资源和布局，避免重复建设。

（4）完善应急联动系统的管理机制和运行机制。明确规定城市或区域联动系统的法律地位、工作职责、指挥权限、服务标准和渎职责任。同时，要在现有管理体制和机制上，进行改革和完善，理顺和协调管理关系，建立协调联动的管理机制和运行机制。

（5）统一规定服务号、警报、警号和有关标志。为便于统一管理和出警，方便群众报警求助，以利资源和设备共享，需要统一规定服务号、警报、警号和有关标志。尽量保持原有各业务系统的专用号码，便于日常出警。

第五章

风暴潮应急管理案例

第一节 台风"桑美"引起的风暴潮 灾害应急管理

一、事件背景

1. 强热带风暴"桑美"

2006 年 8 月 10 日 17 时 25 分登陆浙江苍南县马站镇的超强台风"桑美"是近 50 年来登陆我国的最强台风。"桑美"登陆后,周围的风力特别大,带来的区域性大风强度打破历史纪录,登陆前后 17 级风圈半径达 45 千米。8 月 10~12 日,浙江沿海、福建北部沿海以及浙江南部和福建北部内陆大部地区出现了 8~10 级大风,其中浙江东南沿海和福建东北部沿海部分地区的风力有 11~12 级,局部地区风力达 14~17 级;福鼎市 8 月 10 日 17~20 时连续 3 小时阵风风速超过 40 米/秒。浙闽两省观测到的最大风速均打破了两省极大风速的历史纪录。另外,江西东北部(包括鄱阳湖湖面)也出现了 6~8 级大风,局部地区风力达 9 级。

"桑美"台风引起的大风、降雨和风暴潮给沿海的浙江、福建和内陆的江西省份带来巨大人员伤亡和财产损失。

据统计"桑美"登陆的浙江省受灾人口 345.60 万,死亡 204 人,倒塌房屋 5.23 万间,农作物受灾面积 10.32 万公顷;直接经济损失 127.30 亿元。温州市苍南县,受到重大破坏,18 日晚浙江省防汛防旱指挥部统计死亡 193 人,失踪 11 人。苍南县平均雨量超过 300 毫米,千余间屋倒塌,四成乡镇(大部分为沿海城镇与苍南、泰顺等登陆地区)电话通信中断,影响地区并出现大面积停电,30 万亩稻田淹浸。其中金乡镇河尾洋村一幢钢筋混凝土两层房 10 日下午 5 点左右塌下,屋内 47 名村民 41 名死亡。温州市 56 条公路因水淹、塌方、结构损坏和局部路基冲毁而一度中断,集中在温州及丽水地区。

江西省内有 6 个县市出现 7~8 级大风,上饶、鹰潭、抚州三市出现小到中雨,局部大到暴雨,金溪、资溪出现大暴雨。南昌进贤县因灾 2 人死亡 1 人伤。商品粮生产基地的抚川市临川区、金溪县、资溪县等 5 县与南昌市遭受了严重洪灾。抚川市几乎所有陆地被水淹没,周边 200 万亩中晚稻都被淹,金溪几乎所有水库渠道被冲毁。据统计,江西省抚州、宜春、南昌、上饶等 4 市 18 个县(市)161 个乡镇受灾,受灾人口 164.45 万人,死亡 3 人,倒塌房屋 1900 间,农作物受灾 7.18 万公顷,绝收 57000 亩,直接经济总损失 5.5 亿元。

据福建省防汛抗旱指挥部统计,省内 14 个县市、164 个乡镇受灾,受灾人口 145.52 万,死亡 276 人,倒塌房屋 8.21 万间,农作物受灾面积 11.13 万公顷,直接经济总损失 63.57 亿元,其中水利设施 7.86 亿元。福鼎市 17 个乡镇普遍受灾,受灾人口 43.5 万,转移 15 万人;有 1 万多间民房被摧毁,另 8 万多间民房部分受损,全市 7 万多口渔排网箱全部被毁,全市损失 31 亿元;全市 2600 多艘渔船沉没 600 多艘。福鼎、霞浦、柘荣、福安、宁德市区因线路跳闸引致大面积停电,福鼎市、柘荣县供电全停。福鼎市内建于唐朝咸通元年之佛教名寺资国寺,其 20 多间木结构建筑几乎全部倒塌。陆路交通方面,同三高速公路福州通往福鼎段已关闭,宁德市对外交通停止。航空方面长乐机场 13 个进港航班、12 个出港航班被迫取消,直到 11 日上午航班才全部恢复。海航方面,福州港、福州马尾琅岐码头停航,马尾—马祖"两马"航线停运。

2. **天文大潮**

"桑美"台风登陆当天是农历七月十七,适逢农历七月天文大潮期,很有可能出现我们常说的风、雨、潮"三碰头",浙江、福建两省沿海各地各验潮站普遍超过警戒潮位,破坏力极大,实际最高的潮位达到 6 米多。台风是在凌晨 5 时 25 分登陆,当天最大潮出现在 12 时,相差了近 6 个小时,虽然此次风暴潮的威力还没有完全地体现出来,但给当地造成的损失已经不可估量。

台风登陆地区的浙江省从 10 日 5 时开始降雨,暴雨区主要集中在温州、台州地区,累计雨量大于 100 毫米的站点有 33 个,大于 200 毫米的有 13 个站点,大于 300 毫米的有 9 个站点,大于 350 毫米的有 4 个站点:分别是苍南县 466 毫米、金乡 379 毫米、玉苍山 377 毫米、矾山 369 毫米。截至 10 日 20 时,100 毫米以上降雨笼罩面积 3512 平方千米,200 毫米以上降雨笼罩面积为 509 平方千米,300 毫米以上降雨笼罩面积为 113 平方千米。10 日晚上,在"桑美"登陆时,温州有记录的过程最大增水是 3.58 米。

二、灾害的应急管理

1. **灾前预警与准备**

为了更好地做好"桑美"气象服务,减少损失,中国气象局于 8 月 10 日上午 9 时 30 分签署了《中国气象局台风应急响应命令》,宣布浙江、福建省气象局和国家气象中心、国家卫星气象中心、中国气象局影视宣传中心进入台风一级气象响应状态。在一级气象应急响应状态下,以上各单位将实行 24 小时重要负责人领班制度,全程跟踪台风状态;浙江、福建气象局每日 4 次向中国气象局报告工作情况;国家气象中心每 1 小时报告台风定位、警报预报消息，每3小时组织与有关省（自治区、直辖市）气象局会商。

国家防总启动Ⅲ级应急响应，会商第8号超强台风的动向走势、登陆地点、强降雨范围和雨量发出紧急通知，要求有关地区对台风防御工作进行再部署、再动员、再落实，各级领导要靠前指挥、科学调度，有关部门要密切配合、形成合力，全面做好防风避险、防汛抗洪和抗灾救灾工作。由水利部、民政部、财政部等组成的国家防总工作组赶赴福建、浙江指导台风防御工作。人民解放军总参谋部、武警总部也及时作出部署，随时准备参与抢险救灾。国家海洋局针对"桑美"台风所可能引起的风暴潮，于8月10日发布了沿海地区风暴潮红色紧急警报。

8月8日16时，当"桑美"距离浙江沿海尚有1500千米时，浙江省气象台发布了浙南和浙江沿海地区台风黄色警报，《浙江省防台风应急预案》也正式启动。气象台晚上发出橙色信号。浙江省委、省政府9日晚间召开全省电视电话会议，连夜全面部署防御超强台风"桑美"。浙江省委书记习近平指出，各地要把防御"桑美"作为当前压倒一切的紧急任务，"宁可十防九空，决不能万一失防"。省委副书记、省长吕祖善要求沿海各地尤其是宁波、台州、温州、丽水等防御重点地区的党政领导立即到防台风第一线，抓好各项防御措施的落实，积极组织危险地带人员梯次转移。如果因为工作不到位，该转移的不转移，或者转移不到位的，将追究相关责任人的责任。浙江省气象台在8月10日晨7时发出红色信号，11时省防汛办基本确定"桑美"台风在温州（苍南霞关—乐清湾两地间）登陆。温州市已在8月10日早上分别发出台风（7时）与风暴潮（11时）红色预警信号。

针对超强台风"桑美"离福建沿海越趋逼近的情况，福建省气象台发布中北部沿海地区超强台风紧急警报，将预警信号由蓝色升级为橙色。福建民政部门对救灾帐篷、棉被等救灾物资和方便面、矿泉水、大米等灾民急需的生活物资进行清理储备，确保救灾帐篷等救灾物资能够及时调往受灾地区。民政部门还要求，严禁受灾群众返回危险区域和危险房屋，要通过投亲靠友、借住公房和设置临时集中安置点等方式，切实保证受灾群众得到及时安置。福建省卫生厅已经指令福建省立医院、协和医院、附一医院等三支省级医疗救护小分队和福建省疾控中心卫生防疫小分队做好人员、技术、药械的各项准备，一旦灾情发生，可随时奔赴灾区开展救灾防病工作。

江西省气象部门根据"桑美"台风会给江西中北部地区带来一次明显的降水过程，部分地区将出现暴雨的情况，建议8月10～11日水上交通、电力、通信设施、户外悬挂广告牌、花盆及简易工棚、危房等应注意防御大风灾害，提前进行安全检查，采取加固措施；高空作业人员、在建工程应注意生产安全。赣北、赣中应注意防御强降水引发的山洪、地质灾害等，特别是地形复杂、迎风坡及危险点要加强巡查与防范，积极准备抗御台风灾害。

2. 灾前人员的转移

面对着超强台风，从生命至上的理念出发，转移避险是防御台风最重要的手段：危险地区人员全部转移安置到安全场所，海上养殖人员全部转移上岸，海上航行船只和作业渔船全部回港避风或就近避风。

8月9日19时，在"桑美"加强为超强台风之后，浙江省防指发出关于人员安全转移截止时间的通知：沿海地区的出海船只必须在8月9日20时前回港避风，沿海受强风、暴潮影响区域的人员必须在8月10日10时前转移完毕。8月10日9时，针对超强台风再加强的严峻形势，浙江省防指要求温台海塘一线所有人员全部立即撤离。8月10日10时30分，浙江省防指紧急发布《关于应对超强台风的紧急措施的命令》，居住在沿海一线海塘至二线海塘内的群众立即撤离，温州沿海等地立即采取停工、停学、停市等一切必要措施，尽可能减少户外活动，减少人员伤亡。与中央和省级防台风应急预案相衔接，浙江各市、县均有一套完备、周密的预案。在这些预案中，本县内各村的危房、避灾转移时的组织及受灾群众的安置，都有详细明确的规定，确保"不漏一处，不存死角"。从浙江省防汛防旱指挥部获悉，"桑美"登陆前，浙江各地政府都进入了紧急状态，全省灾前转移989937人。

福建全省对台风防御工作进行了全面部署。全省的海上船只和渔排养殖人员都已安全转移，当地学校也停止了一切有学生参加的集体活动。福州等沿海城市向公众公布了应急电话，并对街上的广告牌进行了加固。福建全省还通过手机短信的形式，向民众发送了507万多条防台风公益信息，全省安全转移人员56.9万人。由于浙江、福建两省的人员转移及时，最大限度地减少了人员伤亡。

为了做好全部涉险人员的转移工作，可能受"桑美"影响的地区千方百计把防御台风的知识和信息传达到每一个人。利用广播、电视、互联网滚动播报，以及发送手机短信、高音喇叭广播、张贴公告、散发传单等一切可能的传播手段，让群众及时了解台风的动向、防御台风的要求，增强公众防抗台风的警觉性和自救互助意识。

然而，如此大范围、数十万甚至上百万群众的转移谈何容易？这不仅是因为转移工作面广、量大，更难的是一些群众对台风的巨大破坏性认识往往不足，存有麻痹、侥幸心理，不肯配合转移工作。台风"桑美"登陆前夕，清晨雷声隆隆、闪电阵阵，而后却晴空万里、阳光明媚，有的群众就数落前来动员转移的干部，说"打雷哪有台风"，"十次动员九次空，纯粹劳民伤财"，死活不肯转移。此外，人员转移意味着群众要离开家园，舍弃自己的财产，比如渔排是许多养殖户的全部家当，有些还是贷款、举债经营。在利与害的博弈中，在侥幸心理的驱使下，"舍命不舍财"的情况时有发生，最终有可能出现人财两空的惨剧。怎么办？是放任不管，还是坚决转移？

浙江省苍南县的一些做法在当时的人员转移中具有代表性，他们的经验是：兴师动众转移人，时效范围落实人，敲锣上门通知人，苦口婆心说服人，安全场所安置人，饮食卫生保障人，治安巡查守护人，理智科学不死人。这些做法使遭受"桑美"正面袭击的苍南县金乡镇的夏泽村、大渔镇的小渔村和矾山镇的王家洞村，尽管有许多房屋倒塌，但却没有一人因灾死亡。

在安全转移和妥善安置群众的同时，抢险救灾准备也在紧锣密鼓地进行。气象部门密切监视台风动态，24 小时不间断地发布滚动预报；渔业、交通、海洋部门协助做好船只回港、船上和渔排养殖人员转移，海事部门加强值守，做好应急搜救准备；水利部门监测雨情水情，加强安全检查，及时排除隐患，确保防洪防潮工程安全，并落实在建工程防台保安措施；国土部门加强山洪易发区和地质灾害隐患点巡查；建设部门加强工地、高层建筑、架空设施以及居民危房等安全检查，及时加固防护；民政部门调拨救灾物资，做好转移人员安置工作；电力、通信、交通、供水等部门加强城市基础设施安全检查，做好工程抢险准备；人民解放军、武警部队、民兵预备役等抢险救助队伍严阵以待，随时准备投入抢险救灾。

3. 灾中的人员营救

8 月 10 日 17 时 25 分，"桑美"在苍南县马站登陆，之后向西北偏西方向移动进入福建省北部。受到"桑美"正面袭击的苍南县大量房屋倒塌，庆元县发生特大山洪与群发型泥石流、滑坡灾害，部分群众被洪水围困或被泥石流掩埋。福鼎市沙埕港大批渔船被打翻沉没，船上留守人员生死不明，搜救工作成为重中之重。

各地政府在接到灾情报告后，迅速向上级政府主管部门报告。与此同时，立即组织一切力量，第一时间出动，全力投入抢险救援工作。8 月 10 日晚，温州市苍南县望里镇 18 名群众被倒塌房屋掩埋，温州军分区海防营 50 名抢险队员立即赶赴现场，在废墟中成功救出被压群众。苍南县金乡镇半侠连村有 10 名群众被倒塌房屋砸压，县公安局立即组织公安、消防人员赶至事发地，成功救出 8 名群众。苍南县边防大队成功营救被困群众和伤员 30 多名。台州礁山边防所和宁波高塘边防所在海上成功救出 17 名遇险船员。据统计，浙江省省军区、武警总队、公安边防和消防出动官兵近 5000 名，民兵预备役 2.5 万人，公安民警和协警 5 万余名，应对超强台风"桑美"，解救被困、遇险群众上千名。

　　福鼎市明确了"一旦联系中断，即由挂点乡镇的市领导全权处理各自区域内的抗灾救灾工作"的措施，采取必要手段于第一时间进行抗灾救援。在电力和通信中断后，沿海乡镇按照事先部署，迅速建立了由民兵预备役、边防官兵和镇村干部组成的搜救队，就近投入搜救工作。10日17时，在沙埕港内避风的两艘台湾渔轮脱锚，被狂风巨浪裹挟快速卷向出海口方向。接到报告，沙埕边防派出所10余名官兵与港内群众一起迅速展开营救，两艘台轮和船上船员全部获救。中国渔政35901号船被其他避风船只撞断锚绳，船只失控，船长沉着应对，不仅保障自身安全，而且在巨浪中搭救了两名渔民。晚间，坐镇沙埕镇指挥的福鼎市委、市政府领导接到沙埕港船只损毁严重，船上留守人员生死不明、亟待救援的报告后，迅速向上级报告，并组织海警和边防部队紧急出动，全力支援。福建省防汛抗洪指挥部（以下简称省防指）和宁德市委、市政府立即协调宁德武警支队、驻福鼎部队等迅速投入海上搜救工作。沙埕镇政府事先准备好的五艘挂机船随即投入搜救，当晚营救出数十名落水群众。沙埕港内许多避风渔船脱锚漂至西番村海域，驻村干部紧急组织营救，共救出150多名群众。台风过后的第一轮紧急救援行动挽救了许多群众的生命。

　　4. 灾后生活救助有条不紊

　　"桑美"登陆后，造成的巨大损失逐渐显现，其中以福建省福鼎市沙埕港受灾最为集中，损失也最惨重，成为灾后救援工作的重点。福建省迅速组织力量开展搜救、打捞以及灾后重建工作。浙江省苍南县等其他受灾地区也在台风过境后迅速开展了灾后救助、恢复重建工作。

　　8月11日，福鼎市组织了三个海上搜救组，会同武警、边防、渔政人员和沿海各乡镇自行成立的搜救队，全力以赴进行搜救工作。13日下午，宁德市专门成立沙埕海上搜救工作领导小组，进一步协调搜救工作。14日，驻闽海军派出四艘舰艇，省防指再次紧急增调多艘冲锋舟，投入海上搜救工作。11～18日海上搜寻高峰期内，每天在海上进行搜救的船只多达80多艘，人员达800人以上。至8月17日开始，搜救工作进入尾声，工作重点转入沙埕港海底船只打捞。交通部有关领导带领交通部海上搜救中心、交通部救捞局、上海救捞局、福建海事局等有关单位人员赶赴福鼎，研究部署沉船打捞工作。18日，交通部和宁德市共同成立了海上清障打捞指挥中心，海军也增派力量协助打捞。

　　为安排好受灾群众基本生活，财政部、民政部于8月16日向浙江、福建两省紧急拨付中央救灾应急资金各3000万元。福建省灾后第二天便紧急拨付应急救灾资金、民政补助款，并调运帐篷、衣被、食品、饮用水等送往灾区。福鼎市认真做好受灾群众安置和安抚工作，并专门组织心理专家深入受灾最重的乡镇对一些家庭进行灾后心理危机干预。浙江省启用 300 多个避灾中心、近 1000 个避灾点，并开放体育馆、学校等场所，就近转移安置受灾群众。组织 16 家建筑企业支援苍南，7 天时间便建成 835 间近 2 万平方米的安置过渡房，解决了 3500 多名特困受灾群众的临时居住问题。

在台风"桑美"侵袭的温州苍南县，台风刚走，秋老虎又开始发威。为防止大灾之后出现疫情，浙江省委、省政府紧急部署温州等地灾区的防疫工作。由于台风带来的暴雨造成农田和路面大面积积水，居民饮用的井水水质变差，饮用后很容易导致伤寒、霍乱、痢疾等传染病蔓延。为此，浙江省各级疾病预防控制中心紧急行动，与时间赛跑，600 多支抗台救灾医疗队和七支卫生防疫队已经深入温州等灾区，组织指导开展防疫工作，力争大灾之后无大疫。

各地将储备的抗灾物资及时分发给受灾群众，确保群众的正常生活所需。各省受灾地区都设置了安置点，救援工作组及时将食物、日常用品、衣服、被子分发给受灾群众。最大限度地保证受灾群众有水喝、有饭吃、有衣穿、有地方住、有病能得到及时医治。

5. 灾后重建

台风过后，在各级地方政府的努力下，各地组织各方力量抢修基础设施，尽早恢复水、电、路、通信设施，确保"四通"，恢复居民的正常生活。

灾难过后，福建、浙江两省电力、通信、水利等有关部门迅速抽调力量，着手恢复基础设施。8 月 15 日，福建北部受灾地区国道、省道、县道全部恢复通行。福鼎市 90% 以上电网在台风中遭受毁灭性破坏，电力部门从全省抽调力量进行抢修，一个月内全市恢复正常供电，相当于再建一个全市电网。通信部门增调 550 人投入灾后通信设施抢修，于 8 月底全部恢复。浙江省电力部门组织 273 支抢修队伍、1000 多名技术人员，仅用 1 天时间便恢复浙南所有受灾县城的供电。通信部门派出 2000 余名技术人员支援灾区，2 天时间恢复灾区 90% 以上通信。交通、水利系统组织应急抢修队伍，及时抢修被阻道路，紧急封堵堤防水毁缺口 120 处。

在超强台风"桑美"登陆浙江省苍南县马站后，给当地造成了严重灾害。面对历史罕见的灾难，浙江省各级政府采取有力措施，全力保障灾后重建工作顺利进行。苍南县灾后救济、恢复重建工作在短短四个月内进展迅速，灾民群众对党委政府及时高效的恢复重建工作普遍表示满意。在台风过后不久，灾区已很少能看到台风留下的痕迹，一座座新房正在"桑美"的废墟上拔地而起，当地群众的生产生活又恢复了一片欣欣向荣的景象。台风灾后，苍南县全县 2100 多家因灾停产企业迅速全部恢复生产。全县 22.5 万亩晚稻已全部完成病虫害防治工作，绝收的3.5万亩水稻已补种改种秋粮1万亩，改种秋冬蔬菜1万亩，剩余1.5万亩补种冬种作物。因灾受损渔船基本修复完毕，均已出海作业。

灾后，浙江省政府很快将每人2万元的死亡抚恤金发放到死者家属手中，稳定了家属的情绪。苍南县民政局为全县995家低保倒房户分发了1000床棉被，温州慈善总会向灾区捐赠了1000床棉被等御寒物资。除此之外，民政局还委托加工了2200床棉被，陆续发放到了灾民的手中，确保灾民在冬天来临时，能盖上暖和的被子。

灾区的新房建设在灾后迅速展开。浙江省委省政府明确要求，在春节来临之前，要确保大部分灾民搬入新居，确保所有灾民搬入温暖的过冬场所。截至12月9日，苍南县需重建的1.6万多间房屋已全部完成选址审批，其中已动工建设12900多间，开工率达到79.6%，竣工3473间。为保障灾民安全、温暖过冬，苍南县政府对台风中受灾的低保户，给予无偿援建一层楼房（造价1.1万元），对那些筹集不到资金建房的"低保边缘户"，则给予政府贴息贷款等优惠政策。在春节来临之前，苍南县保证80%以上的倒房重建灾民能搬进新居，所有灾民都将有一个温暖的过冬场所。

在抗灾救灾和灾后重建过程中干部注重从受灾群众的角度换位思考，调查清楚了灾民、老百姓需要哪些帮助，据此制定政策就有的放矢，切实解决受灾群众的实际困难，得到群众的理解和支持，能够高效地完成灾害的应急管理工作。

三、主要经验

从"桑美"台风整个应急处置过程来看，浙江、福建省委、省政府带领全省干部群众，与超强台风作斗争，做了大量深入细致的工作。各级、各部门的灾前部署及时全面，灾中应对果断有力，灾后恢复高效有序，在人力可控范围内减少了损失，有力地抗御了历史罕见的超强台风灾害。主要有四条经验。

1. 及时组织群众科学转移有序避险

台风往往具有不可抗性，当灾难不可避免发生时，保护群众安全是防御台风的首要目标。最有效的办法就是组织群众转移到安全的地方避险。在这过程中，一些地方创造了很好的经验，使人员的转移组织更加有效。浙江、福建对避灾人员、船只的"一对一网格化管理"制度凸显了巨大效益。所谓"一对一网格化管理"，即对渔船和危（旧）房、地质灾害点等八类应避灾人员进行全面核查，分类统计，逐一明确转移对象、转移时间、转移地点、转移负责人、联系电话，并采取条块结合，分线指导，以联片、联村、联厂、联户的方式分解人员撤离职责任务，业主包干（企业职工避险由企业负全责），村干部、党员等责任人员一对一包干落实。同时，探索建立了转移责任人员 A、B 岗负责制，分工负责，盯紧看牢，一级抓一级，层层抓落实，实现户户有帮扶、人人有联系，大大提高了防灾避险效率，有效减少人员伤亡。

2. 充分发挥各方防灾减灾的聚合效力

应对严重的自然灾害，必须动用全社会的力量投入抢险救灾，才能最大限度地减少人员伤亡和财产损失。灾难发生后，受灾地市军警、边防、抢险队伍等各方力量第一时间展开救援，为减少人员伤亡和经济损失争取了主动。各个部门切实落实各项防抗措施，按照应急预案各就各位、各负其责，团结协作、密切配合，积极投入抢险救灾，广大基层干部群众全力自救互救，形成了防抗台风的强大合力，为最大限度地减少灾害损失发挥了重要作用。

3. 从最困难的条件设想以确保万无一失

在应对"桑美"台风过程中，各级政府全力抓好紧急宣传动员、人员转移安置、船只回港避风、防风隐患排除、工程险情排查、山洪灾害预警、抢险救灾队伍和物资保障等关键环节。灾害发生后，抢险救援迅速到位，抢险工作有力、有序，针对最不利的情况进行准备，使得灾害来临时的救援工作更加有效。

4. 分阶段防御以避免更多的灾害损失

防台风工作分为不同的阶段。不同的阶段采取不同的应对措施，使防御工作更加科学有效。浙江温岭等地把台风前期的应急准备分为蓝色预警、黄色预警、橙色预警、红色预警等四个阶段，根据台风发展情况，每一阶段都明确了相应的任务。比如，在蓝色预警阶段，重点是加强值守监测，对危房、低洼地区进行检查，把信息通知到每户居民，未出海的船只停止出海，已出海的做好返航准备，海塘外人员做好撤离准备等。在红色预警阶段，则要全面完成危险区域人员的转移、安置工作。福建按照台风风圈影响范围，分区域下达转移、避险指令，科学安排部署各项措施，取得防御工作的实效。

四、事件启示

据统计，"桑美"共造成浙江、福建、江西、湖北四省 599 万人受灾，农作物受灾 266 千公顷，死亡 483 人，倒塌房屋 8 万多间，船只沉没 952 艘、损坏 1139 艘，直接经济损失 195 亿元。

应该说，多年来我国在应对台风灾害方面积累了丰富的经验，也有很好的应对措施，这些经验和措施在防抗"桑美"台风中取得了很好的成效。但遗憾的是，仍有483人死于这次灾难，其中因大风刮倒房屋死亡172人，因沙埕港沉船遇难228人，因山洪灾害、广告牌砸压、坠楼等其他原因死亡83人。沙埕港遇难人员主要是为了避免船只在台风中碰撞、倾覆而留在船上值守没有转移的人员，因房屋倒塌死亡人员主要是因为本以为是安全的房屋实际上难以抗御17级强台风。从中可以看出，应对超强台风需要超常规的措施。总结"桑美"案例带给我们的启示，主要有以下几点。

1. 避风港、避难所等防灾减灾基础设施建设亟待加强

福鼎市沙埕港港阔水深，群山庇护，历来是天然避风良港。即使是这样的避风良港，"桑美"来袭时港内风力仍高达15级，造成港内停泊船只相互碰撞、损毁、沉没。我国沿海渔业发展迅速，海上机动渔船近30万艘，但避风港建设却相对滞后。每次台风来临前，大量渔船就近进港避风，港内船只停泊密度大、安全距离小，增加了安全隐患。部分渔船无港可泊，更容易脱锚遇险。此外，沿海还普遍存在渔港防风标准不高、配套设施不足、机动搜救能力弱、避险场所管理能力不强等问题。沿海地区迫切需要进一步加大防灾减灾基础设施建设力度，构建防台风综合减灾体系。

2. 沿海地区农房抗风能力需进一步提高

"桑美"造成温州苍南、平阳等地农房成片倒塌，部分原以为较坚固而没有组织人员转移的新建房屋也难以幸免。据灾后调查，灾区大量房屋倒塌除"桑美"风力超强、降雨强度大等原因外，还在于沿海地区大量农房抗风能力偏低，选址不当、结构设计不合理、施工质量无监管、建筑材料质量低劣等问题普遍存在。出现这些问题既有农房建设管理体制、制度方面的因素，也有经济技术条件限制乃至认识、习惯等方面的原因。农房建设在规划、设计、施工等方面亟待有效指导。苍南县金乡镇永兴村在灾后重建中吸取教训，建起了"打圈梁、实心墙、有立柱、现浇板"的高标准住房，比在"桑美"台风中幸存的房子标准还要高，使家家户户的房子成为避险楼。

3. 防风减灾知识普及有待加强

尽管台风是我国沿海地区常遇灾害，但是人们对台风的巨大破坏性特别是超强台风的破坏性认识不足，存在一定程度的侥幸心理。尤其渔船、渔排，它们往往是渔民的全部财产，有些还是贷款、举债经营。台风来袭前，渔民、船员以及养殖人员都不愿意转移，有些转移以后又私自返回，造成难以挽回的损失。群众防台减灾意识的薄弱以及防台风知识的欠缺，迫切需要沿海地区在加强台风应急宣传和预警预报工作的同时，建立防灾减灾宣传教育长效机制，提高群众减灾意识和自救互救能力。

第二节　风暴潮中的海上大营救

2007 年 3 月 3 日至 5 日，辽宁、天津、河北、山东、江苏等沿海地区遭遇了 1969 年以来最大的温带风暴潮，对水上交通运输和安全生产造成巨大影响。各有关方面合力抗灾救灾，对 568 艘渔船、4360 名渔民以及 204 艘商船、2606 名船员实施了海上大救援。

一、事件背景

1969 年 4 月 21～25 日，强风袭击渤海、黄海以及河北、山东、河南等省，陆地风力 7～8 级，海上风力 8～10 级。此时正值天文大潮，寒潮暴发造成了渤海湾、莱州湾几十年来罕见的温带风暴潮。在山东北岸一带，海水上涨了 3 米以上，冲毁海堤 50 多千米，海水倒灌 30～40 千米。

2007 年 3 月 3～5 日，发生在我国东部沿海的风暴潮是 1969 年以来最大的温带风暴潮。2007 年 3 月 1 日，国家海洋环境预报中心综合分析沿海观测数据和天气形势，预计 3～5 日在渤海、黄海沿岸将出现一次较强的灾害性温带风暴潮。

2 日下午，国家海洋环境预报中心风暴潮组首席预报专家向预计受影响的沿海省（直辖市）防汛部门、海洋主管部门、海洋预报部门以及中海油海上安全部等部门进行了通报。

3 日，遵照国务院领导同志指示精神，国务院应急办及时下发《关于做好防范应对温带风暴潮工作的紧急通知》，在预防预警、应急部署、应急响应的各个阶段，组织、协调、部署各相关部门及地方政府协同配合、科学应对，发挥了应急工作中的运转枢纽的作用。

3 日 8 时，国家海洋环境预报中心根据预报会商结果，启动了预警预案，发布了第一份风暴潮警报（黄色）；3 日 15 时发布了风暴潮红色紧急警报。

根据国家海洋环境预报中心的预报，3 月 3 日夜间到 4 日白天，渤海将出现 1969 年以来最大的一次温带风暴潮，辽宁、河北、天津、山东和江苏北部等地沿海将出现 4～6 米的巨浪和狂浪。同时，中央气象台预报，黄海南部、东海及台湾海峡将出现 8 级以上大风。

在向各有关部门发布预警预报的同时，国家海洋环境预报中心通过中央电视台的《新闻联播》、《新闻 30 分》、《朝闻天下》等栏目，中央人民广播电台以及人民网、新浪网、国家海洋局网站、预报中心网站等媒体向社会公众发布预警信息。

二、应急救援

接到风暴潮的预警通知后，各部门、各地区和军队立即启动应急预案，投入到防抗风暴潮工作中。

3月3日深夜，交通部领导赶到中国海上搜救中心指挥救援工作；3月4日上午，通过视频会议系统地向受风暴潮影响的沿海各省级海（水）上搜救中心、海事部门传达了中央领导同志的重要指示精神，并作出部署。

中国海上搜救中心按照交通部领导的要求，指导地方海事、搜救机构开展有关工作，与气象和海洋部门保持密切联系，随时掌握最新的气象和海洋信息。交通部救捞系统52艘专业救助船、9架专业救助飞机和18支应急小分队严阵以待，随时准备应对海上突发险情。

（1）辽宁、河北、天津、山东、江苏海事局根据辖区内实际情况，采取有针对性的防抗措施：

1）各局主要领导到值班室指挥落实各项防抗措施，并将情况通报当地人民政府。

2）与海洋预报部门时刻保持信息畅通，及时掌握风暴潮的并将最新情况通报当地的港口部门，要求其认真做好港口设施的防抗工作。

3）查找相关资料，了解1969年风暴潮的有关情况，借鉴历史上防抗风暴潮的经验，结合辖区的情况，进一步采取有效的预防措施，做好防大灾救大灾的各项准备工作。

4）通过岸台播发风暴潮警告，通知海上航行和作业的船舶进港避风，做好应对风暴潮的各项准备工作。

5）通过船舶运输管理系统（VTS）加强对港口避风船舶的监控；联系渔政部门，请其通知海上作业的渔船回港避风。

（2）接到警报后，农业部领导要求渔业部门立即采取紧急应对措施，并向辽宁、河北、天津、山东、江苏、上海、浙江等省（直辖市）渔业行政主管部门和黄渤海区渔政渔港监督管理局、东海区渔政渔港监督管理局发出紧急通知：

1）各地通过各种渠道将风暴潮信息通知到渔船及所有相关人员，尽一切办法通知海上每一艘渔船回港避风。

2）对接报的渔业船舶水上安全突发灾害事件及时采取应对措施，指导遇险渔船开展自救、互救。

3）所属渔政执法船艇备航待命，做好随时出航参与抢险救助准备。各地渔业部门迅速启动预案，落实应急防范措施。

4）通过短波岸台、信息平台等渔业安全通信网络通知所属渔船回港避风，同时与尚未回港避风的渔船保持密切联系。

与此同时，海军也紧密布置防抗风暴潮的工作位领导及有关业务部门参加的专题会议，认真贯彻国务院和中央军委领导的重要指示。海军先后组织226艘舰船进入防风部署。紧急预案启动之后，交通部、农业部、海军部队等联合行动，部署力量开展搜救工作。

江苏省渔民较多，风暴潮期间，众多渔船渔民被困海上。因此该省的渔民成了主要搜救对象。中国海上搜救中心先后协调专业救助船舶4艘、军事船舶4艘、海事渔政等公务船舶1600艘次、地方船舶16艘、商船33艘次参与救助，成功地使盐城、南通市的如东、海安、启东、海门等五市（县）的559艘被困渔船、4360名被困渔民以及长江、洪泽湖遇险船舶和人员得到及时救援，转危为安。

与此同时，其他各地防抗风暴潮的工作一也在有条不紊地进行着。

3月4日凌晨，温带风暴抵达辽宁省海上搜救中心搜救责任区境内，锦州、葫芦岛、大连地区分别降暴雪、暴雨。在风暴潮期间，大部分船舶都赶到锚地抗风，造成了锚地船舶异常密集的状况。随着风力加大，船舶走锚险情接二连三发生。面对这种状况，大连、营口两个海上搜救中心沉着应对，配备了双套值班人员，充分发挥指挥、协调、组织功能，监控锚地船舶走锚状况。在风暴潮期间，共监控、提醒走锚船舶近400艘次，避免险情79起。

山东省码头最大增水260厘米，海水涨幅最高时潍坊港、羊口港海平面与码头前沿几乎平齐，各地最大风力9～13级，浪高6～7米。当时，山东海事局辖区共有814艘各类运输船舶、施工船舶，数万艘渔船在港锚泊避风。面对这场罕见的强风暴潮，山东海事局"以防为主，防抗结合"，风暴潮引发的11起海上险情事故全部被成功处置，154名遇险人员全部安全获救，强风暴潮下无一人伤亡。

河北海事局共出动海事执法人员279人，车辆138台次，协调出动各类船艇18艘次，处置走锚险情80次、其他险情4次，救助遇险人员25人，无一人伤亡。

3月7日15时，鉴于遇险渔民受困海域的气象海况已经平稳，受困渔船、渔民已脱离危险，中国海上搜救中心决定终止对东海渔区遇险渔船的救援和保护任务，参加救援的船舶全部撤离现场。至此，救援人员共对568艘遇险渔船、204艘遇险商船（其中包括走锚和搁浅船舶89艘）、6966名遇险人员实施了救援。

三、主要经验

本次风暴潮量级高、范围广、危害程度大，且正值元宵节和全国"两会"期间，社会影响较大。由于党中央、国务院高度重视，各部门、军队和地方政府应对及时、措施得力，风暴潮期间未发生重大人员伤亡事故和重大财产损失，总结归纳有以下三个方面的经验。

1. 以人为本，行动迅速

3月3日，国家海洋环境预报中心发布风暴潮红色紧急警报后，胡锦涛总书记电话询问交通部应急部署的有关情况，要求确保人民群众生命财产安全。温家宝总理和时任国务委员兼国务院秘书长的华建敏等领导同志先后在《国家海洋局值班信息（第81期）》批示，要求做好海运、港口防潮防浪准备，不漏掉每一个海上作业单位、每一个港口；得知交通部紧急组织救助880名遇险渔民后，又作出重要批示，要求做好救助工作，必要时可请部队支援。按照中央领导同志的要求和指示，各部门和军队及时部署水上防抗措施，在应急救援工作中发挥了重要作用。

2. 预警及时

按照《国家海上搜救应急预案》的规定，中国海上搜救中心接到气象及海洋部门大风及风暴潮预警信息后，于3月2日下发了"预警警报"，要求各有关搜救中心执行预案中的各项安全措施，海事执法人员深入一线组织、指挥、检查防抗工作，专业救助力量严阵以待。在本次防抗特大风暴潮工作中，各项预警预防措施按预案要求执行到位，是取得成功的重要前提。

国务院应急办及时向有关地区和部门发出预警通知，对防抗风暴潮的工作作出部署。农业部、中国气象局、国家海洋局、解放军总参谋部、海军等国家海上搜救部际联席会议成员单位，充分发挥了海上搜救部际联席会议制度配合协调、高效应对的特点。中国海上搜救中心与江苏省政府及时会商，根据各自掌握资源和处置能力，明确分工，协同配合，充分发挥中央直管部门和地方政府的资源协作优势，是应急响应的关键环节。

3. 制度完善，应对有序

近年来，海上安全监管和救助能力建设得到明显加强。交通水监体制改革以来，海事部门加强船舶交通管理系统、全球遇险安全通信系统和船舶自动识别系统的建设，并持续开展了长效管理能力的建设，管理成效在本次防抗风暴潮的过程中得到了充分体现。受风暴潮影响的所有水域船舶交通管理中心有序地组织锚地、港区船舶防抗走锚、搁浅等，避免了海上交通事故的发生。船舶自动识别系统在查找、协调过往船舶救助遇险渔船的行动中发挥了重要作用，免了海上交通事故的发生。

2003年，国家批准了交通部海上救捞体制改革方案，交通部专业救助力量得到长足发展。在此次防抗风暴潮应急反应准备阶段，52艘专业救助船舶、9架专业救助飞机、18支应急小分队严阵以待，随时准备应对突发灾害事件的发生。在救助江苏和渤海湾遇险渔船的过程中，抗风能力强、功率大的专业救助船"东海救112"轮、"东海救111"轮以及海事执法船"海洛21"轮和设备先进的救助直升机在关键时刻发挥出了重要作用。

四、几点启示

1. 海上自然灾害联合预警机制仍需要进一步完善

这次防抗风暴潮的经验表明，应对台风、温带风暴潮等重大自然灾害，要做到最大限度地减少人员伤亡及经济损失，事前的充分预防预警是关键。因此，首先要从强化预警入手，建立海上自然灾害联合预警机制。利用好现有资源，把预警信息尽快最大限度地通知到相关人员。除充分利用好广播、电视、报纸、网络等媒体资源外，还要大力挖掘社会资源，如建立短信发布平台，在第一时间将海上自然灾害预警信息发送给相关人员，以便及早组织好海上生产作业的防灾准备。

2. 海上联合搜救机制需要进一步完善

目前，军地之间、交通和渔政主管部门之间有关海上险情通报机制还不够完善，在海上险情通报程序和时机、救助需求、通信联络、任务分工等方面还需要建立可操作性强的搜救工作程序。同时，应加快军地、交通和渔业海上联合搜救通信手段建设，统一通信制式和通信频率，提高海上联合搜救效率。

3. 海上从业人员及生产活动的安全管理需要进一步加强

目前，我国150万运输船员和700多万渔船船员大部分从业于中小型公司和船舶，不同程度地存在着组织化程度低、岸基支持能力差等问题，在遇到险情时形不成船岸避灾抗灾的合力，缺乏自救和互救能力。在本次风暴潮影响期间，尽管海洋、气象部门发出了紧急气象灾害警报，但一些水产养殖企业、渔业船舶对灾害估计不足，没有引起足够的重视。

附录 A　国家风暴潮灾害应急预案（摘录）

（摘自《风暴潮、海浪、海啸和海冰灾害应急预案》
国家海洋局　二〇〇九年十一月）

1　总则

1.1　目的

为贯彻落实《中华人民共和国突发事件应对法》，强化海洋灾害预警报工作，提升服务水平，提高海洋灾害预防和应对能力，最大限度地减少海洋灾害造成的损失，保障人民生命和财产安全，维护国家和社会稳定，促进社会和经济的全面、协调、可持续发展，特制定本预案。

1.2　工作原则

1.2.1　统一领导，分级负责

在国务院的统一领导下，建立健全分类管理、分级负责、条块结合、属地为主的应急管理体制，建立行政领导负责制，提高各级海洋行政主管部门对海洋灾害预警报和应急处置工作的指挥协调能力。

1.2.2　平战结合，规范运转

坚持日常与应急工作相结合，将海洋灾害应急处置工作纳入常态化管理。建立健全工作责任制，规范各项应急响应流程，切实将应急职责落实到岗，明确到人，确保应急工作反应灵敏、协调有序、运转高效。

1.2.3　加强观测，及时预警

运用高新技术，改进海洋灾害观测、预警报的技术手段，对海洋灾害实施高密度的观测，及时掌握海洋灾害发生、发展动态，快速做出预测预警，为海洋防灾减灾决策提供有力支持。

1.3　适用范围

本预案适用于影响我国管辖海域的风暴潮的应急观测、预警、预防工作。

2　风暴潮灾害应急组织体系和职责

国家海洋局风暴潮应急管理领导机构的组成和职责依据国家海洋局应急管理相关制度确定。

国家海洋局和沿海各省（自治区、直辖市）海洋部门承担风暴潮应急任务的相关部门和机构分工如下。

2.1　国家海洋局值班室

负责局 24 小时应急值守和海洋灾害信息收发、承转以及与国务院及其有关部门、军方等相关单位的信息往来；汇总和编辑局《值班信息》，上报国务院应急办；对各种信息进行全面汇总和有效管理；与国务院应急平台及时联通，与各应急队伍建立通信网络。

2.2　国家海洋局海洋预报减灾司

负责风暴潮灾害应急预案的修订和完善；建立海洋灾害观测预警报体系；监督、指导应急状态下的海洋灾害观测、预警报业务；组织开展特别重大海洋灾害调查评估。

2.3　国家海洋局国际合作司（港澳台办公室）

负责组织协调与周边国家及香港、澳门和台湾地区的海啸应急响应联络和信息沟通。

2.4　中国海监总队

负责组织协调中国海监力量参与对风暴潮灾害的应急观测、调查工作，做好局委托的应急值班工作。

2.5　国家海洋局新闻信息办公室

负责建立海洋灾害预警信息通报与发布制度，协调电视、广播、互联网络等媒体向社会公众发布海洋灾害预警等相关信息，统一组织媒体采访事宜；负责舆情汇集、舆情引导和编发《海洋专报》；会同局海洋预报减灾司开展海洋灾害应急法律法规和防灾减灾知识的宣传。

2.6　国家海洋局海区分局

负责建立相应风暴潮灾害应急管理领导机构和工作机构，落实相关责任；保证本海区海洋灾害观测系统正常运行；组织海区预报中心发布所在海区海洋灾害预警报，并开展相关决策服务和业务咨询；及时收集、报告海洋灾害灾情，组织或参与本海区海洋灾害调查评估。

2.7　沿海各省（自治区、直辖市）海洋部门

负责建立相应风暴潮灾害应急管理领导机构和工作机构，落实相关责任；保证本省（自治区、直辖市）海洋灾害观测系统正常运行；组织省海洋预报台发布本省（自治区、直辖市）海洋灾害预警报，并开展相关决策服务和业务咨询；及时收集、报告海洋灾害灾情，组织或参与本省（自治区、直辖市）海洋灾害调查评估。

2.8　国家海洋环境预报中心

负责向社会公众发布全国海洋灾害预警报，组织开展海洋灾害应急预警报会商；向国务院有关部门、军方有关单位、沿海省、自治区、直辖市、计划单列市人民政府（总值班室、应急办和海洋部门）、相关涉海中央直属企

业、海区和省级海洋预报机构发布全国海域的风暴潮灾害预警报并提供相关决策服务和业务咨询。

2.9　国家卫星海洋应用中心

负责提供海洋灾害发生期间的卫星遥感分析处理实时资料。

2.10　国家海洋局海口中心站

负责建立相应风暴潮灾害应急工作机构，落实相关责任；保证本中心站海洋灾害观测系统正常运行，获取、传输灾害观测数据。

3　风暴潮灾害应急响应标准

风暴潮灾害应急响应分为Ⅰ、Ⅱ、Ⅲ、Ⅳ四级，分别对应特别重大海洋灾害、重大海洋灾害、较大海洋灾害、一般海洋灾害，颜色依次为红色、橙色、黄色和蓝色。

3.1　风暴潮灾害Ⅰ级应急响应（红色）

受热带气旋（包括：超强台风、强台风、台风、强热带风暴、热带风暴，下同）或温带天气系统影响，预计未来沿岸受影响区域内有一个或一个以上有代表性的验潮站将出现超过当地警戒潮位80厘米以上的高潮位时，应发布风暴潮灾害Ⅰ级警报（红色），并启动风暴潮灾害Ⅰ级应急响应。

3.2　风暴潮灾害Ⅱ级应急响应（橙色）

受热带气旋或温带天气系统影响，预计未来沿岸受影响区域内有一个或一个以上有代表性的验潮站将出现超过当地警戒潮位30（不含）～80厘米的高潮位时，应发布风暴潮灾害Ⅱ级警报（橙色），并启动风暴潮灾害Ⅱ级应急响应。

3.3　风暴潮灾害Ⅲ级应急响应（黄色）

受热带气旋或温带天气系统影响，预计未来沿岸受影响区域内有一个或一个以上有代表性的验潮站将出现超过当地警戒潮位0～30厘米的高潮位时；或受热带气旋、温带天气系统影响，预计未来沿岸将出现低于当地警戒潮位0（不含）～30厘米的高潮位，同时风暴潮增水达到120厘米以上时，应发布风暴潮灾害Ⅲ级警报（黄色），并启动风暴潮灾害Ⅲ级应急响应。

3.4　风暴潮灾害Ⅳ级应急响应（蓝色）

受热带气旋或温带天气系统影响，预计未来沿岸受影响区域内有一个或一个以上有代表性的验潮站将出现低于当地警戒潮位0（不含）～30厘米的高潮位，同时风暴增水达到70厘米以上时，应发布风暴潮灾害Ⅳ级警报（蓝色），并启动风暴潮灾害Ⅳ级应急响应。预计未来24小时内热带气旋将登陆我国沿海地区，或在离岸 100 千米以内（指热带气旋中心位置）转向（或滞留），即使受影响海区岸段潮位低于当地警戒潮位 30 厘米，也应发布风暴潮灾害 Ⅳ 级警报（蓝色），并启动风暴潮灾害 Ⅳ 级应急响应。

4 风暴潮灾害应急响应程序

针对风暴潮灾害类型和应急响应级别，分别开展以下应急响应。

4.1 风暴潮消息预告

预计台风风暴潮对负责预报海区将产生灾害时，国家、海区和各省（自治区、直辖市）海洋预报机构应至少提前 72 小时发布台风风暴潮消息，预判灾害可能到达的最高级别，提醒相关单位做好防范准备。

预计温带风暴潮对负责预报海区将产生灾害时，国家、海区和各省（自治区、直辖市）海洋预报机构应至少提前 24 小时发布温带风暴潮消息，预判灾害可能到达的最高级别，提醒相关单位做好防范准备。

各级海洋预报机构应密切关注后续形势发展，如预计将形成风暴潮灾害，则转入相应级别的灾害应急响应程序；如确认不会形成风暴潮灾害，应及时发布风暴潮威胁解除消息。

国家海洋环境预报中心将风暴潮消息以传真形式发往国务院有关部门、军方有关单位，受风暴潮影响的沿海省（自治区、直辖市）、计划单列市人民政府，相关涉海中央直属企业，受风暴潮影响的海区和省级海洋预报机构。视情况可增加发送单位。

海区预报中心将风暴潮消息以传真形式发往所属海区分局、国家海洋局海洋预报减灾司，海区舰队司令部，受风暴潮影响的沿海省（自治区、直辖市）、计划单列市和地级市人民政府，海区内的涉海中央直属企业，国家海洋环境预报中心和本海区的地方各级海洋预报机构（具体名单由海区分局确定）。视情况可增加发送单位。

各省（自治区、直辖市）海洋部门根据当地政府要求和灾害防御实际需求，自行确定消息发送形式和发往单位。

4.2 风暴潮灾害Ⅲ级、Ⅳ级应急响应

4.2.1 应急响应启动

预计负责预报海区将发生达到Ⅲ级或Ⅳ级应急响应启动标准的风暴潮灾害时，国家、海区和省（自治区、直辖市）海洋预报机构应提前发布风暴潮灾害Ⅲ级警报（黄色）或Ⅳ级警报（蓝色）（其中，台风风暴潮警报至少提前 24 小时发布、温带风暴潮警报至少提前 12 小时发布）。

承担风暴潮灾害应急响应工作任务的部门和单位收到灾害警报后，立即

启动相应级别的应急响应。

4.2.2 应急组织管理

风暴潮灾害Ⅲ级应急响应启动后，国家、海区和省（自治区、直辖市）海洋部门业务司（处）人员应安排值班，每日至少参加1次灾害预警应急会商，协调风暴潮灾害应急响应和处置工作。

风暴潮灾害Ⅳ级应急响应启动后，国家、海区和省（自治区、直辖市）海洋部门业务司（处）领导和工作人员应保持24小时通信畅通，密切关注风暴潮灾害发生发展动态，协调风暴潮灾害应急响应和处置工作。

风暴潮灾害Ⅲ级、Ⅳ级应急响应启动后，国家、海区和省（自治区、直辖市）海洋预报机构的领导应赶到预报工作现场，组织风暴潮灾害预警工作，预报人员实行24小时值班，及时向海洋部门报告风暴潮灾害动态和应急工作情况，并对本次风暴潮灾害未来可能达到的最高预警级别做出预测。

如预测未来风暴潮灾害最高可能发布Ⅰ级警报时，由国家海洋局领导组织召开行政视频会商会，提前部署风暴潮灾害应急观测预警工作，相关海区分局和省（自治区、直辖市）海洋部门领导应参加会议并汇报各单位工作准备情况。

如预测未来风暴潮灾害最高可能发布Ⅱ级警报时，由国家海洋局预报减灾司组织召开行政视频会商会，提前部署风暴潮灾害应急观测预警工作，相关海区分局和省（自治区、直辖市）海洋部门领导应参加会议并汇报各单位工作准备情况。

4.2.3 灾害预警发布

国家、海区和省（自治区、直辖市）海洋预报机构密切跟踪风暴潮灾害发生发展动态，组织开展灾害预警应急会商，滚动发布风暴潮灾害预警报。

风暴潮灾害Ⅲ级、Ⅳ级警报发布频次不低于每日2次，如预测未来风暴潮灾害情况与上一次预报出现明显差异时，应迅速加密预报，并及时调整灾害预警级别。

国家海洋环境预报中心和海区预报中心发布风暴潮灾害预警报，由其法定代表人或其授权人签发，通过相关公众媒体和各自网站向社会公众发布，并以传真形式向规定的对象发布。传真发往单位同4.1。

国家海洋环境预报中心和海区预报中心应在发送风暴潮灾害预警报传真的同时，将预警报以手机短信形式发往相关单位事先确定的人员。

各省（自治区、直辖市）海洋行政主管部门根据当地政府灾害防御要求和实际需求，自行确定警报发送形式和发往单位。

4.2.4　灾害信息上报

国家海洋局值班室收到风暴潮灾害预警报信息后，应立即组织人员审核，按照局海洋灾害信息上报的有关规定进行格式转换，经局领导签批后，上报国务院应急办。

灾害信息上报工作完成后，国家海洋局值班室应当将值班信息纸质版送局应急办（局办公室综合业务处）、海洋预报减灾司各 1 份。

4.2.5　灾害应急观测

（1）海区分局和有观测能力的省级海洋部门组织观测单位实行 24 小时值班，及时检查海洋站观测仪器设备运行情况，确保海洋站和浮标观测数据的正常获取和实时传输。

（2）国家海洋环境预报中心和海区预报中心及时将收集的 GTS 资料、卫星遥感资料和通过其他渠道获得的海洋、气象观测资料，以及处理形成的预报产品向海区及省（自治区、直辖市）预报机构分发。

（3）国家卫星海洋应用中心应局海洋预报减灾司要求，提供风暴潮灾害发生期间的卫星遥感分析处理实时资料。

4.2.6　灾害应急速报

警报发布后，每日 7～19 时，国家海洋环境预报中心和海区预报中心汇总分析各类资料，每 6 小时发布 1 期实况速报，通报海上最新实况。

各省（自治区、直辖市）海洋部门根据当地政府灾害防御要求和实际需求，自行确定速报发送形式和发往单位。

4.3　风暴潮灾害Ⅰ级、Ⅱ级应急响应

4.3.1　应急响应启动

预计负责预报海区将发生达到Ⅰ级或Ⅱ级应急响应启动标准的风暴潮灾害时，国家、海区和省（自治区、直辖市）海洋预报机构应提前发布风暴潮灾害Ⅰ级警报（红色）或Ⅱ级警报（橙色）（其中，台风风暴潮警报至少提前 12 小时发布，温带风暴潮警报至少提前 6 小时发布）。

承担风暴潮灾害应急响应工作任务的部门和单位收到灾害警报后，立即启动相应级别的应急响应。

4.3.2　应急组织管理

风暴潮灾害Ⅰ级应急响应启动后，国家、海区和省（自治区、直辖市）海洋部门主管领导安排值班，国家海洋局视灾害发展动态，组织召开行政视频会商会，指挥协调风暴潮灾害应急响应和处置工作，海区和省（自治区、直辖市）海洋部门领导参会并汇报工作开展情况。风暴潮灾害Ⅱ级应急响应启动后，国家海洋局预报减灾司和海区、省（自治区、直辖市）海洋部门领导安排值班，国家海洋局预报减灾司视灾害发展动态，组织召开行政视

频会商会，指挥协调风暴潮灾害应急响应和处置工作，海区和省（自治区、直辖市）海洋部门领导参会并汇报工作开展情况。其他同 4.2.2。

4.3.3 灾害预警发布

国家海洋环境预报中心和海区预报中心的风暴潮灾害Ⅰ级警报发布频次不低于每日 4 次，Ⅱ级警报发布频次不低于每日 3 次，如预测未来风暴潮灾害情况与上一次预报出现明显差异时，应迅速加密预报，并及时调整灾害预警级别。其他同 4.2.3。

各省（自治区、直辖市）海洋部门根据当地政府灾害防御要求和实际需求，自行确定警报发送形式和发往单位。

4.3.4 灾害信息上报

同 4.2.4。

4.3.5 灾害应急观测

同 4.2.5。

4.3.6 灾害应急速报

警报发布后，国家海洋环境预报中心和海区预报中心汇总分析各类资料，每 6 小时发布 1 期实况速报，通报海上最新实况，预计台风登陆前或影响最严重前 24 小时内，加密至每 3 小时发布 1 期实况速报。

各省（自治区、直辖市）海洋部门根据当地政府灾害防御要求和实际需求，自行确定速报发送形式和发往单位。

4.4 风暴潮灾害应急响应结束

国家、海区和省（自治区、直辖市）海洋预报机构密切关注风暴潮灾害发展动态，当发现灾害影响已经降至最低启动标准之下时，发布风暴潮灾害警报解除通报。

国家海洋局值班室收到风暴潮灾害警报解除通报后，应立即组织人员做好风暴潮灾害警报解除通报的上报工作。

承担风暴潮灾害应急响应工作任务的部门和单位收到灾害警报解除通报后，结束本次应急响应。

5 灾后调查与总结

5.1 灾害调查评估

5.1.1 特别重大风暴潮灾害调查评估

特别重大风暴潮灾害结束后，由国家海洋局组织对海洋灾害及其造成的损失进行全面调查和评估。调查内容包括灾害过程自然变异、受灾状况、危害程度、救灾行动、减灾效果、经验教训等。灾害综合调查评估报告应在灾害过程结束后 20 个工作日内完成。

5.1.2 重大（含）以下风暴潮灾害调查评估

重大（含）以下风暴潮灾害结束后，由沿海省（自治区、直辖市）海洋部门组织对海洋灾害及其造成的损失进行调查和评估。调查内容包括灾害过程自然变异、受灾状况、危害程度、救灾行动、减灾效果、经验教训等。灾害综合调查评估报告应在灾害过程结束后 15 个工作日内完成，报国家海洋局备案。

5.2 灾害应对工作总结

风暴潮灾害应急响应结束后，参与灾害应急响应的各省（自治区、直辖市）海洋部门和国家海洋局所属各单位立即开展灾害应对工作总结，回顾本次灾害应急管理和观测预警服务工作情况，于 48 个小时内将工作总结报国家海洋局。

6 保障措施

6.1 观测预警系统建设保障

6.1.1 风暴潮灾害观测预警系统

国家海洋局组织沿海各省（自治区、直辖市）海洋部门建设海洋观测业务系统，利用海洋站、浮标、雷达、卫星等多种手段，开展风暴潮灾害观测，并建立观测预报业务系统实时数据传输网，确保灾害观测信息传输畅通；大力推进风暴潮观测能力建设，从海洋台站、调查船等常规观测方式，向多平台、全方位、全天候立体观测发展，着力开展观测布局设计，提高资料综合获取能力，保障资料获取的时效和精度。

国家海洋局组织沿海各省（自治区、直辖市）海洋部门建立海洋预报机构，不断完善风暴潮预警报业务系统，逐步建立方便、高效、快捷的业务平台，进一步提高防灾减灾决策服务能力。

6.1.2 灾害警报信息分发系统

国家海洋局组织沿海各省（自治区、直辖市）海洋部门建立并不断完善风暴潮灾害警报信息分发系统，在传统的传真、电话方式外，积极采用手机短信、彩信、网站、卫星、电子邮件等新型手段分发灾害预警、灾情和防灾减灾信息。

6.2 技术保障

国家海洋局积极指导、协调沿海各省（自治区、直辖市）海洋部门开展各类海洋灾害的风险评估和灾害区划工作，制作高风险区风暴潮、海啸灾害应急疏散图，编制风暴潮灾害防御行动指南，并提供给当地政府和防汛指挥部门，为确定疏散路线、防御决策提供科学依据。国家海洋局组织沿海各省（自治区、直辖市）海洋部门定期（每隔 3~5 年）开展沿海警戒潮位标准核定。

6.3 经费保障

国家海洋局和沿海各省（自治区、直辖市）海洋部门应当保证风暴潮灾害应急响应所需经费，将其纳入年度财政预算管理。

6.4 宣传和培训

利用互联网、电视、广播、报纸等新闻媒体持续开展风暴潮灾害及防灾减灾知识宣传，定期组织宣传队伍深入学校、社区、企业，推进海洋防灾减灾知识宣传进乡村、进企业、进社区，增强全民的防灾减灾意识和避险自救能力。

国家海洋局根据实际工作需要，定期开展不同层次、不同范围的海洋灾害应急管理和观测预警技术培训。

6.5 国际合作与交流

加强国际与地区间在风暴潮灾害信息交流与预警报方面的技术合作研究，发挥我国在国际组织中的成员国作用。

国家海洋局重点推动建立南中国海海啸预警系统，带动提升中国南部海域周边国家海啸观测预警能力，为南中国海地区提供统一的海啸预警服务。

7 附则

7.1 术语

7.1.1 风暴潮灾害

由热带气旋、温带气旋、海上飑线等灾害性天气过境所伴随的强风和气压骤变而引起局部海面振荡或非周期性异常升高（降低）现象，称为风暴潮。风暴潮、天文潮和近岸海浪结合引起的沿岸涨水造成的灾害，称为风暴潮灾害。

7.1.2 有代表性的验潮站

有代表性的验潮站是指站址设置科学合理、观测仪器符合国家标准、观测规程符合国家规范、观测数据具有连续性和长期性的验潮站。

7.2 预案管理

7.2.1 国家海洋局根据应急管理工作需要，对《风暴潮、海浪、海啸和海冰灾害应急预案》及时修订发布，并报国务院应急办备案。

7.2.2 国家海洋局各分局和国家海洋环境预报中心根据本预案，制定具体工作制度和流程，明确职责，建立岗位责任制。沿海各省（自治区、直辖市）海洋行政主管部门参照本预案，组织制定本省（自治区、直辖市）的海洋灾害应急预案。

7.2.3 对在海洋灾害观测预警报工作中做出突出贡献的单位和个人予以表

彰。未按应急预案开展工作，造成重大损失的，对直接负责的主管人员和其他直接责任人给予行政处分；构成犯罪的，依法追究刑事责任。

7.2.4　海洋环境观测预警报工作现行规章制度与本预案相违背的，以本预案为准。

7.2.5　本预案由国家海洋局制定并负责解释。

7.2.6　本预案自发布之日起实施。

附录 B　福建省风暴潮灾害应急预案

（福建省海洋与渔业厅　二〇一二年八月三十一日）

1　总则

1.1　编制目的

建立健全风暴潮灾害应急响应机制，积极应对风暴潮灾害，保证风暴潮灾害防御工作有序进行，最大限度地减少人员伤亡和财产损失。

1.2　编制依据

依据《福建省突发公共事件总体应急预案》和国家海洋局《风暴潮、海浪、海啸、海冰灾害应急预案》等。

1.3　工作原则

1.3.1　统一领导，分级负责。在各级政府和防汛抗旱指挥部的领导下，适时启动本级风暴潮灾害应急预案，落实防御风暴潮灾害各项应急工作任务。

1.3.2　以人为本，减少损失。一切从人民利益出发，在处置风暴潮灾害有多种措施可供选择的情况下，应首选保障人民群众生命安全且对财产损害较小的措施。

1.3.3　条块结合，属地为主。在当地政府和防汛抗旱指挥部的指挥下，加强与本级气象、水利等部门的联系协作，加强海洋与渔业系统上下的沟通协调，建立密切配合的工作机制。

1.4　适用范围

本预案适用于全省海洋与渔业系统预防、应急处置风暴潮灾害和灾后渔业生产恢复。

2　组织机构和工作职责

2.1　福建省海洋与渔业厅成立风暴潮灾害应急工作领导小组（以下简称"省厅领导小组"），负责全省海洋与渔业系统防御风暴潮应急工作。省厅领导小组下设办公室，挂靠厅防灾减灾处。

2.2　省厅领导小组组成

组长：厅长。

副组长：分管防灾减灾工作的副厅长任常务副组长；其他副厅长和省海洋与渔业执法总队总队长任副组长。

成员：厅防灾减灾处处长、办公室主任、计划财务处处长、资源环境保护处处长、渔业处处长、渔政渔港监督处处长、省海洋与渔业执法总队分管副总队长、厅应急指挥中心主任、省海洋预报台台长、省水产技术推广总站站长。

省厅领导小组办公室主任由厅防灾减灾处处长兼任，副主任由厅应急指挥中心主任兼任。

2.3　组织机构职责

2.3.1　省厅领导小组主要职责

（1）在省委、省政府和省防汛抗旱指挥部（以下简称"省防指"）的统一领导下，负责组织、指导和协调本系统防御风暴潮工作，研究和通报本系统防御风暴潮的重大事项，督促和检查防御风暴潮工作。

（2）指导和协调灾后渔业生产恢复工作，组织海洋与渔业系统力量对受灾地区进行支持。负责渔业抗灾救灾、恢复生产补助项目、资金和物资的分配。

（3）确定海洋与渔业系统防御风暴潮灾害应急响应方案，及时向省委、省政府、国家海洋局、农业部和省防指报告防御风暴潮工作，向灾区海洋与渔业行政主管部门通报相关情况。

2.3.2　省厅领导小组办公室主要职责

（1）负责领导小组的日常工作；负责保持与省防指及其成员单位的联系；负责组织防御风暴潮灾害会商，提出防范措施和意见；及时传达省防指以及省厅领导小组的工作部署，督促各项渔业防御风暴潮措施的落实。

（2）负责组织、指导风暴潮监视监测、预警报工作，及时发布防御风暴潮预警信息。

（3）在风暴潮发生期间，负责落实应急值班；掌握、报告全省海洋与渔业系统应急工作和防御措施落实等情况。

（4）负责协调各成员单位组织人员赶赴灾区指导防灾、救灾和恢复生产工作；负责防灾抗灾救灾相关信息的收集、归档；负责组织风暴潮灾害（情）调查、评估，参与国家海洋局组织的特别重大风暴潮灾害（情）的调查与评估；负责风暴潮灾害应急管理工作的总结，并及时上报国家海洋局；负责处理其他日常工作。

2.3.3　省厅领导小组成员单位的主要职责

在省厅领导小组的统一指挥下，按照"分工负责，协同作战"的原则，成员单位各司其职，开展防御风暴潮应急处置工作。

（1）厅防灾减灾处：承担省厅领导小组办公室职责。

（2）厅办公室：负责防御风暴潮灾害的新闻宣传报道和后勤保障工作；负责通过渔民之友栏目发布风暴潮灾害预警报信息。

（3）厅计划财务处：负责争取、落实海洋与渔业系统防御风暴潮灾害的基础设施建设和灾后重建项目；负责落实省级防灾抗灾救灾工作经费和救助资金。

（4）厅资源环境保护处：负责指导和协调全省海洋和水产种质资源保护区防御风暴潮灾害工作；负责海洋和水产种质资源保护区应对风暴潮灾害的风险评估。

（5）厅渔政渔港监督处：协助做好渔港、渔船防御风暴潮工作；协助做好避风渔港和渔业船舶应对风暴潮灾害的风险评估。

（6）厅渔业处：负责指导全省渔业系统开展各类水产养殖生产设施除险加固和养殖水产品抢收等工作；负责收集统计、分析和上报全省渔业生产受灾情况；负责指导灾后渔业恢复生产工作。

（7）省海洋与渔业执法总队：负责组织各级海洋与渔业执法机构对进港避风渔船的监督检查；协调指挥全省海洋与渔业执法船艇参与抢险救灾工作。

（8）厅应急指挥中心：协助做好领导小组办公室的日常工作；负责督促各项防御风暴潮应急处置措施的落实；负责防灾期间的24小时应急值班工作，统计、报送全省海洋与渔业防御风暴潮措施落实情况；负责通过海上渔业安全应急指挥平台发送风暴潮灾害预警报信息。

（9）省海洋预报台：负责风暴潮监视监测，密切监视沿海验潮站的潮位变化，及时发布风暴潮预警报；负责制作沿海验潮站逐时天文潮位表；负责将风暴潮预警报信息通过电话、短信及时报告省厅领导小组及其办公室，通过传真向有关单位发送，通过广播、电视、网站等对外发布；负责风暴潮基础数据库建设、风暴潮灾害预警技术和风暴潮预警辅助决策系统等研发；负责提供防御风暴潮灾害预警报会商材料并参加省防指的有关决策会商；参与风暴潮灾后调查、评估，总结分析风暴潮预警报工作，并上报省厅领导小组办公室；负责提供风暴潮预警报相关业务咨询；负责海洋观测网和信息网络运行保障。

（10）省水产技术推广总站：参与灾后恢复生产技术指导和水生动物疫病防控工作；负责提供灾后水产苗种和渔药调剂信息服务；通过短信平台向沿海养殖户发送风暴潮灾害预警报信息。

3 预警级别标准

风暴潮预警级别分为Ⅰ、Ⅱ、Ⅲ、Ⅳ级，分别对应特别重大风暴潮灾害、重大风暴潮灾害、较大风暴潮灾害、一般风暴潮灾害，颜色依次为红色、橙色、黄色和蓝色。

3.1 风暴潮Ⅰ级警报（红色）

受热带气旋（包括：超强台风、强台风、台风、强热带风暴、热带风暴，下同）或温带天气系统影响，预计未来我省沿岸受影响区域内有一个或一个以上有代表性验潮站将达到当地红色警戒潮位时，发布风暴潮灾害 I 级警报（红色）。

3.2 风暴潮 II 级警报（橙色）

受热带气旋或温带天气系统影响，预计未来我省沿岸受影响区域内有一个或一个以上有代表性验潮站将达到当地橙色警戒潮位时，发布风暴潮灾害 II 级警报（橙色）。

3.3 风暴潮 III 级警报（黄色）

受热带气旋或温带天气系统影响，预计未来我省沿岸受影响区域内有一个或一个以上有代表性验潮站将达到当地黄色警戒潮位时，发布风暴潮灾害 III 级警报（黄色）。

3.4 风暴潮 IV 级警报（蓝色）

受热带气旋或温带天气系统影响，预计未来我省沿岸受影响区域内有一个或一个以上有代表性验潮站将达到当地蓝色警戒潮位时，发布风暴潮灾害 IV 级警报（蓝色）。

预计未来 24 小时内热带气旋将登陆我省沿海，或在离岸 100 公里以内（指热带气旋中心位置）转向（或滞留），即使受影响岸段潮位低于蓝色警戒潮位，也应发布风暴潮灾害 IV 级警报（蓝色）。

4 应急响应

4.1 IV 级响应

当福建省海洋预报台发布风暴潮 IV 级警报（蓝色），启动风暴潮 IV 级响应行动：

（1）省厅领导小组办公室主任到位指挥，启动本应急预案。

（2）省厅领导小组办公室组织 24 小时应急值班，省海洋预报台做好风暴潮的监测和预警报，向省防指提供沿海验潮站逐时天文潮位表；厅办公室、厅应急指挥中心、省海洋预报台及省水产技术推广总站根据职责发送防御风暴潮预警信息。

（3）省厅领导小组办公室组织防御风暴潮灾害会商，提出防范措施，并根据要求，参加由省防指组织召开的会商会；向沿海设区市海洋与渔业行政主管部门通报风暴潮预警报情况及防范措施，并抄送给省防指等有关单位。

（4）沿海各级海洋与渔业行政主管部门接到通报后，及时向本级政府报告，并在本级政府的领导下，认真履行职责，做好防御风暴潮的各项准备工作。

4.2　Ⅲ级响应

当福建省海洋预报台发布风暴潮Ⅲ级警报（黄色），启动风暴潮Ⅲ级响应行动：

（1）省海洋预报台密切监视风暴潮增水情况，分析风暴潮影响岸段，制作风暴增水及影响岸段预报图，并向省厅领导小组办公室汇报。

（2）省厅领导小组常务副组长坐镇指挥，主持召开厅防灾减灾处、厅应急指挥中心、省海洋预报台等部门负责人和专家参加的会商会，对全省海洋与渔业系统防御风暴潮进行部署，并及时向省防指报告。

（3）省厅领导小组办公室及时掌握各地海洋与渔业行政主管部门贯彻落实防御风暴潮部署情况，并及时报告省防指。

（4）沿海各级海洋与渔业行政主管部门按照省厅的部署要求，在当地政府和防汛抗旱指挥部的统一领导和组织下，迅速开展应对工作。

（5）省厅领导小组适时成立防御风暴潮抗灾工作组，赴风暴潮影响重点地区，指导协调、督促检查当地海洋与渔业行政主管部门做好风暴潮防御工作。

4.3　Ⅱ级响应

当福建省海洋预报台发布风暴潮Ⅱ级警报（橙色），启动风暴潮Ⅱ级响应行动：

（1）省海洋预报台加密对风暴潮的监测，当沿海有一个代表性验潮站潮位超过橙色警戒潮位后，每隔3小时向省厅领导小组办公室报告一次潮位实况；加强与国家海洋环境预报中心等预报机构的视频会商，加密制作发布风暴潮预警报，分析风暴潮影响岸段，制作风暴增水及影响岸段预报图和漫堤风险预测表，并向省厅领导小组办公室汇报。

（2）省厅领导小组组长坐镇指挥，副组长到位协助指挥　省厅领导小组主持召开厅防灾减灾处、厅应急指挥中心、省海洋预报台等部门负责人和专家参加的会商会，分析风暴潮特点、变化趋势和影响，研究防御方案和措施。

（3）省厅领导小组召开相关成员单位负责人参加的防御风暴潮紧急会议，对防御风暴潮工作进行紧急动员部署，各成员单位抓好防潮抗灾措施的落实。

（4）省厅领导小组发出通知，提出防御风暴潮要求，督促指导相关地区海洋与渔业行政主管部门在当地政府和防汛抗旱指挥部统一领导下，做好各项防御工作。

（5）各级海洋与渔业行政主管部门主要负责人立即上岗到位，组织人员深入基层、重点部位，检查、督促基层落实各项防御措施，并及时将部署落实情况上报省厅领导小组。

（6）省厅领导小组办公室加强应急值班和通信联络，及时准确掌握风暴潮防御情况，并及时报告省防指。通知相关单位通过短信平台、电台等渠道向渔民发送风暴潮信息。

（7）各级海洋与渔业抢险队伍做好抢险救灾准备工作。省海洋与渔业执法总队应协调指挥全省渔业执法船艇做好应急准备工作，保持通信畅通。

4.4 Ⅰ级响应

当福建省海洋预报台发布风暴潮Ⅰ级警报（红色），启动风暴潮Ⅰ级响应行动：

（1）省海洋预报台加密对风暴潮的监测，当沿海有一个代表性验潮站潮位超过红色警戒潮位后，每隔1小时向省厅领导小组办公室报告一次潮位实况；加强与国家海洋环境预报中心等预报机构的视频会商，加密制作发布风暴潮预警报，分析风暴潮影响岸段和海堤风暴潮漫堤风险，制作风暴增水预报图、影响岸段预报图和漫堤风险预测表，并及时向省厅领导小组办公室报告。

（2）省厅领导小组组长坐镇指挥，副组长到位协助指挥。省厅领导小组主持召开厅防灾减灾处、厅应急指挥中心、省海洋预报台等部门负责人和专家参加的会商会，分析风暴潮特点、变化趋势和影响，研究防御方案和措施。

（3）省厅领导小组召开相关成员单位领导参加的防御风暴潮紧急会议，对防御风暴潮进行再动员、再部署。

（4）省厅领导小组发出紧急通知，提出防御风暴潮要求，督促指导相关地区海洋与渔业行政主管部门再当地政府和防汛抗旱指挥部统一领导下，做好风暴潮防御工作。

（5）各级海洋与渔业行政主管部门主要负责人上岗到位，全面落实各项防御措施，发现险情及时处理并报告。

（6）省厅领导小组办公室加强应急值班和通信联络，及时准确掌握各地风暴潮防御情况，并及时报告省防指。通知相关单位通过短信平台、电台等渠道向渔民发送风暴潮信息。

（7）各级海洋与渔业抢险队伍按照当地政府和防汛抗旱指挥部要求，迅速投入抢险救灾。省海洋与渔业执法总队应协调全省渔业执法船艇在保证执法船只和人员的安全情况下，随时执行抢险救灾任务。

4.5 响应终止

福建省海洋预报台解除风暴潮警报，风暴潮应急响应终止。

沿海各级海洋与渔业行政主管部门要按照省厅领导小组的要求做好灾后

处置及恢复生产、修复受损设施等工作。

5 灾害调查评估与总结

5.1 灾害调查评估

特别重大风暴潮灾害发生后，省厅领导小组办公室参与国家海洋局的风暴潮灾害调查评估，有关沿海各设区市、县海洋行政主管部门配合。省厅领导小组办公室负责组织开展重大（含）以下风暴潮灾害调查评估，有关沿海各设区市、县海洋行政主管部门参与，调查内容包括灾害过程自然变异、受灾状况、危害程度、救灾行动、减灾效果、经验教训等。调查工作完成后，省厅领导小组办公室负责编制风暴潮灾害调查评估报告，在灾害过程结束后 15 个工作日内报国家海洋局备案。

5.2 灾害应对工作总结

在风暴潮灾害应急响应结束后 24 小时内，有关沿海设区市要将灾害损失和应对工作总结上报省厅领导小组办公室；省厅领导小组办公室在风暴潮灾害应急响应结束后 48 小时内将灾害损失和应对工作总结上报国家海洋局。

6 附则

6.1 预案管理

本预案由省海洋与渔业厅负责解释和组织实施，并根据实际情况的变化及时修订。

沿海各级海洋与渔业行政主管部门要根据本预案制定本区域风暴潮灾害应急预案。

6.2 预案实施时间

本预案自发布之日起实施。

6.3 术语

6.3.1 风暴潮

由热带气旋、温带气旋、海上飑线等风暴过境所伴随的强风和气压骤变而引起局部海面振荡或非周期性异常升高（降低）现象，称为风暴潮。风暴潮根据风暴的性质，通常分为由台风引起的台风风暴潮和由温带气旋引起的温带风暴潮两大类。

6.3.2 风暴潮灾害

风暴潮、天文潮和近岸海浪结合引起的沿岸涨水造成的灾害，通称为风暴潮灾害。

附录 C　汕头市防风暴潮、海啸应急预案

（汕头市水务局　二〇一一年五月三十日）

1　总则

1.1　编制目的

为科学、高效、有序地开展防御风暴潮和海啸灾害工作，最大限度地减少人员伤亡和财产损失，保障社会经济全面、协调、可持续发展，特制定本预案。

1.2　编制依据

依据《中华人民共和国水法》、《中华人民共和国防洪法》、《中华人民共和国气象法》、《中华人民共和国防汛条例》、《中华人民共和国河道管理条例》、《国家防汛抗旱应急预案》、国家防总《水旱灾害统计报表制度》以及《广东省自然灾害救济工作管理规定》、《广东省防汛防旱防风工作的若干规定》、《广东省突发气象灾害预警信号发布规定》、《汕头市防汛抗旱应急预案》，制定本预案。

1.3　适用范围

本预案适用于登陆或影响我市的热带气旋引发的风暴潮和地震引发的海啸灾害的防御和抗灾救灾工作。

台风暴潮灾害是发生在沿海的一种来势迅猛、破坏力强的严重海洋灾害，是由台风强烈扰动造成的潮水位激烈升降。它可以在很短的时间内令海堤溃决，海水汹涌侵入城镇乡村，造成房屋倒塌、人畜伤亡，工商停产停业；淹没农田，造成土地盐卤碱水，作物失收，耕地退化；污染淡水资源，影响人畜用水；破坏盐场及海水养殖业；给人民生命财产和工农业生产造成巨大损失。

海啸通常由震源在海底 50 千米以下，里氏震级 6.5 以上的海底地震引起，是一种具有强大破坏力的海浪，它卷起的海涛，浪高可达数十米，内含极大的能量，冲上陆地后所向披靡，往往造成对生命和财产的严重摧残。

1.4　工作原则

1.4.1　在省防总和市委、市政府领导下，坚持以"三个代表"重要思想为指导，以人为本，坚持属地管理、分级响应、分部门负责的原则，以市、县（区）人民政府为本行政区域防台风暴潮、海啸主体，实行各级人民政府行政首长负责制。

1.4.2　依靠科学技术，不断提高对风暴潮、海啸灾害预报水平。

1.4.3 遵循台风暴潮、海啸规律，在"不死人、少死人"上做文章，依托现有的防潮堤，采取正确的防御措施，对可以确保的海堤加固防守；遇到超过防潮堤抵御能力的强大风暴、海啸，迅速主动转移人员物资，尽量减轻人员伤亡。

1.5 现状

汕头市位于广东省东部，濒临南海，海岸线长达 289.1 千米，夏秋季常受台风袭击。据新中国成立后统计，我市平均每年受台风影响 3.3 次，平均每年登陆 0.8 次，由于汕头港像口袋形状，水体易于堆积难于扩散，当受台风影响时往往造成比较大的风暴潮增水，使我市国民经济和人民生命财产蒙受巨大损失，因此，台风暴潮是我市主要自然灾害之一。如 1969 年 7 月 28 日，第 6903 号强台风在潮阳至惠来之间登陆，中心风力 12 级以上，瞬时风速达每秒 52.1 米，从平原到山区，全面遭受狂风暴雨袭击。潮阳海门站风暴潮水位达 2.19 米、汕头妈屿站 3.1 米（珠基），分别比平均最高高潮位高出 1.82 米和 1.79 米；沿海堤围在风暴潮巨浪冲击下，普遍受到严重破坏。地处汕头港区内的牛田洋军垦区海堤，也被冲开 62 个缺口，共长 2600 米，还有 9000 多米被拦腰削去 2/3；海水涌入汕头市区水深 2～3 米；全市交通瘫痪，通信断绝，财物损失无数，驻守牛田洋垦区锻炼的大学生因缺乏抗灾经验，面对狂风巨浪，赤手空拳，冒死守护堤围，近 600 人光荣牺牲。受灾最为严重的原澄海县，有 202 个村庄被淹，房屋倒塌 18000 多间，死亡 504 人。

防潮堤是我市防御风暴潮的重要基础，新中国成立以来，我市沿海地区共筑有防潮堤 261.7 千米，可防御 20～50 年一遇风暴潮，按国家《防洪标准》（GB 50201—94）要求，汕头大围防潮标准应达到 100 年一遇防御能力，目前汕头大围防潮堤尚未达标加固，因此风暴潮灾害仍对我市构成巨大威胁。

2 组织指挥体系及职责

2.1 组织机构

市本级设立汕头市人民政府防汛防旱防风指挥部（以下简称市三防指挥部），在省防总和市委、市政府的领导下，统一指挥协调全市的防台风暴潮、海啸工作。县（区）人民政府设防汛防旱防风指挥部，负责本行政区域的防台风暴潮、海啸工作。有关单位可根据需要设立指挥机构，负责本单位的防台风暴潮、海啸工作。

2.1.1 市三防指挥部

市三防指挥部由市人民政府分管副市长任指挥，市委宣传部、汕头警备区、汕头大学、汕头高新区管委会、汕头保税区管委会、市水务局、市国土资源局、市财政局、市海洋与渔业局、市农业局、市发展和改革局、市经济和信息化局、市教育局、市公安局、市公安消防局、市民政局、市住房与城乡建设局、市交通运输局、市外经贸局、市卫生局、市城市综合管理局、市安监局、市文化广电新闻出版局、市房产管理局、汕头市气象局、广东省水文局汕头水文分局、广东电网公司汕头供电局、国家海洋局汕头海洋环境监测站、南海救助局汕头基地、省地质勘查局七二二地质大队、广东省电信有限公司汕头市分公司、中国移动通信汕头分公司、中国人民财产保险股份有限公司汕头市分公司等 33 个单位为指挥部成员。市三防指挥部下设办公室（以下简称市三防办），挂靠市水务局。

2.1.2 县（区）三防指挥部

县（区）三防指挥部由本级政府和有关部门、当地驻军、人民武装部负责人等组成。

2.2 工作职责

2.2.1 市三防指挥部职责

负责组织全市防御台风暴潮、海啸和抗灾救灾工作，主要职责是拟订全市防台风暴潮、海啸政策、法规和制度等，组织制订防台风暴潮方案，及时掌握全市风暴潮情况，并组织实施防风救灾工作，组织灾后处置，并做好有关协调工作。

2.2.2 成员单位职责

市委宣传部：会同市政府有关职能部门做好防风暴潮、海啸宣传报道的组织协调和监督管理。

汕头警备区：负责组织市预备役部队和民兵参加抢险救灾；申请支援救灾部队；协调驻汕部队参加当地抢险；在重大汛情时向市三防指挥部派驻联络员。

市水务局：承担市三防指挥部的日常工作，负责组织、协调、监督、指导全市防风暴潮、海啸的日常工作；及时提供台风暴潮、海啸灾情，组织指导抗御台风暴潮、海啸灾害工作和水毁水利工程的修复。

市气象局：负责暴雨、热带气旋等灾害性天气的监测、预报和预警；及时提供短期气候预测、中短期天气预报和有关实时气象信息，提供防台风暴潮有关气象资料。

广东省水文局汕头水文分局：负责沿海风暴潮预警预报工作，并向市三防指挥部及有关单位提供风暴潮增水信息。

市发展和改革局（粮食局）：负责本系统防风暴潮、海啸抢险救灾工作及粮食储备的安全工作。

市经济和信息化局：负责灾区重要商品市场运行和供求形势的监控，负责协调救灾和灾后重建物资的组织供应。牵头协调电信、移动、联通等通信运营商保障通信及防灾抢险信息畅通；必要时，调度应急通信设备为抢险救灾指挥提供通信保障。

市教育局：负责学校防风暴潮、海啸安全的监督管理，指导学校开展防灾减灾知识宣传，提高师生防灾减灾意识和自救能力。

市公安局：负责维护防风暴潮、海啸交通、抗灾抢险秩序和灾区社会治安工作；防汛防台紧急期间，协助组织群众撤离和转移；打击盗窃、抢劫防汛防旱物资和破坏水利工程设施的犯罪行为，做好防汛防旱的治安和保卫工作。

市公安消防局：负责组织市综合应急救援支队参与自然灾害抢险救灾工作。

市交通运输局：负责督促、指导道路、水路运输企业，港口企业，各级公路部门和交通在建工程的防风暴潮、海啸工作；组织、协调公路、水路救灾抢险重点物资运输；组织修复水毁公路和及时协调、疏通航道；及时提供交通系统灾害损失情况。

市海洋与渔业局：负责协助地方政府做好渔船和沿海水产养殖防风暴潮、海啸工作。

市卫生局：负责灾区卫生防疫和医疗救护工作；实施救灾防病预案，预防疾病流行。

市民政局：组织、协调全市风暴潮、海啸灾害的救助和救济工作，负责救灾捐赠工作；及时向市三防指挥部提供受灾情况；指导灾区各级政府做好群众的基本生活保障工作。

市农业局：负责农业防风暴潮、海啸和灾后农业救灾恢复生产技术指导；负责抗灾应急种子的调剂。

市财政局：负责及时筹集和下达防风暴潮、海啸专项资金，并加强资金使用的监督管理。

市住房与城乡建设局：负责建筑工地防风暴潮、海啸安全生产监督管理。

市城市综合管理局：负责做好市政园林系统城市防风暴潮、海啸、防涝，及时向市三防指挥部提供市政园林系统在建工程、危房、工棚和户外广告牌等可能危及防汛安全的建筑物和附属设施的分布情况，及其栖居人员数量、分布和安全措施落实情况。

市房产管理局：负责协助当地政府、产权单位做好抢修危险房屋、组织应急避险场所等工作，协助当地政府、有关部门指导、督促物业公司做好防汛防风工作。

汕头供电局：负责排涝用电的供应，及时抢修水毁电力设施，保障电力供应。

中国电信汕头分公司：确保市委、市政府和市三防指挥部的命令及汛情、险情、灾情通信畅通。

中国移动通信汕头分公司：确保市委、市政府和市三防指挥部的命令及汛情、险情、灾情通信畅通。

国家海洋局汕头海洋环境监测站：负责台风期间海洋信息测预报。

南海救助局汕头基地：协助海上人员搜救工作。

其他成员单位按职能分工积极配合，共同协作，做好防御风暴潮、海啸工作。

2.2.3 市三防办职责

负责市三防指挥部的日常工作，贯彻执行上级有关防风暴潮、海啸工作的方针政策，拟订防风暴潮、海啸应急预案并组织实施，当好市委、市政府防风暴潮、海啸工作的参谋。

2.3 县（区）三防指挥部

各县（区）人民政府设立三防指挥部，在市三防指挥部和本级人民政府的领导下，组织和指挥本县（区）的防风暴潮、海啸工作。县（区）三防指挥部由本级政府和有关部门、当地驻军、人民武装部负责人等组成。

3 预测、预警

3.1 信息监测和报告

热带气旋的监测和预报由气象部门负责。当监测和会商结果产生后，应在15分钟内做出报告。省水文局汕头分局做好风暴潮监测和预报，海啸由国家有关部门监测和预报，并及时将成果向三防部门报告。各级三防部门负责收集、整理灾情，并及时报告当地党委、政府和上级三防部门。

3.2 预警

气象部门负责台风报警、预警，发布台风信号；省水文局汕头分局负责风暴潮的报警、预警；海啸由国家有关部门负责报警、预警；三防部门负责接警和处警，发布处警指令，同时视情向党委、政府报告。

电视台等新闻媒体及时播报三防指挥部的预警信息及防风暴潮、海啸紧急通知等。

3.3 预警级别及发布

根据风暴潮、海啸威胁程度和严重程度，结合我市防潮堤抵御能力现状，预警级别分为三级：Ⅰ级（特别严重）、Ⅱ级（严重）、Ⅲ级（一般）。

Ⅲ级预警：受热带气旋影响，省水文局汕头分局预报妈屿站潮水位1.5~2.2米（珠基）。

Ⅱ级预警：受热带气旋影响，省水文局汕头分局预报妈屿站潮水位2.2~2.71米（珠基）。

Ⅰ级预警：受热带气旋影响，省水文局汕头分局预报妈屿站潮水位超过2.71米（珠基），即超过50年一遇标准；或受地震影响，国家有关部门发布我市将可能遭受海啸袭击。

各级预警警报由市三防指挥部发布，警报发出后，新闻媒体（报纸除外）应在15分钟内向公众发出，当市三防指挥部发布Ⅰ级预警预报时，广播、电视要不间断播出警报消息。

4 应急响应

4.1 应急响应级别与启动条件

与预警级别相对应，应急响应分为Ⅲ级、Ⅱ级、Ⅰ级三级。Ⅰ级应急响应由市政府启动，其他各级应急响应由市三防指挥部启动。

4.2 应急响应行动

Ⅰ级应急响应为最紧急响应，其次是Ⅱ级、Ⅲ级响应。每级响应行动包含低级别应急响应的所有内容。

4.2.1 Ⅲ级应急响应

（1）三防指挥部：市三防指挥部总指挥坐镇指挥，部署防风暴潮工作；指挥部成员单位负责人上岗带班。三防办及时传达、贯彻、落实领导防风暴潮工作的指示精神，密切注视风情、潮水情，掌握水利工程防台风暴潮情况，下发三防指挥部的防台风暴潮通知，检查防台风暴潮措施落实情况。

（2）气象部门：继续对热带气旋发展趋势提出具体的分析和预报意见，及时报告当地党委、政府和三防指挥部。

（3）水文部门：加强对风暴潮监测，每1小时向市三防指挥部报告风暴潮水位。

（4）水务部门：组织力量加强对沿海防潮堤、挡潮闸巡查力度，督促各涵闸、道口管理责任单位做好封堵工作。在风力强度允许条件下，采取必要的紧急处置措施，确保工程安全。

（5）海洋与渔业部门：检查归港船只锚固情况，动员渔船留守人员离船上岸，敦促沿海各地的滩涂养殖户和渔排作业人员撤离上岸。

（6）农业部门：组织抢收成熟农作物。

（7）建设部门：做好建筑工地低洼物资转移，通知施工人员做好安全转移工作。

（8）教育部门：通知直属幼儿园停课。

（9）民政部门：做好灾害救助临时庇护中心开放准备工作。

（10）城管部门：做好沿海防潮堤下水道口关闭工作，做好城市排涝准备工作。

（11）交通部门：做好抗救灾人员和物资的运输工作。

（12）经贸部门：负责协调救灾和灾后重建物资的组织、供应。

（13）通信、供电部门：保证通信和供电畅通。

（14）海上救助部门：做好海上救捞准备工作。

（15）政府组织相关部门做好危险地带人员转移准备工作。

4.2.2　Ⅱ级应急响应：

（1）市三防指挥部：市政府主要领导坐镇指挥，组织气象、水文、水利等有关部门进行防风暴潮紧急会商，召开三防指挥部成员单位防风暴潮会议，派出工作组到防风暴潮第一线，检查、督促和落实各项防台风暴潮工作。

（2）气象部门：加强热带气旋趋势预报，分析热带气旋对我市的影响，派专家到三防指挥部会商。

（3）水文部门：做好沿海风暴潮监测，每1小时将潮水位预报报告三防指挥部。

（4）水务部门：严密监视防潮海堤、挡潮闸运行情况，密切关注热带气旋强度、风暴潮增水趋势，做好随时撤离奋战在危险区域的抢险队伍的准备工作。

（5）建设部门：转移工棚的人员到安全地带。

（6）电力部门：部署电力系统优先保证防台风暴潮抢险用电。

（7）教育部门：通知中、小学停课，组织做好滞留在校学生、老师安全转移工作。

（8）民政部门：开放灾害救助临时庇护中心，并告知公众，且向三防指挥部报告。

（9）卫生部门：负责组织卫生应急队伍，抢救受灾伤病员，做好灾区的卫生防疫工作，监控和防止灾区疫情的传播、蔓延。

（10）公安部门：维护治安秩序，停止露天集体活动，及时疏散人群。

（11）驻汕部队、武警和民兵预备役：根据需求参与做好抢险救灾工作。

（12）三防成员单位及有关部门：加强值班，按本部门预案做好防风暴潮工作，服从三防指挥部的统一调度指挥，随时准备执行各项防风暴潮任务。

各级政府把防台风暴潮工作作为首要任务，动员和组织广大干部群众投入防台风暴潮工作，领导赴第一线指挥，责任人到位，以人为本落实防风暴潮措施，特别要做好危险地带人员的转移工作。

4.2.3　Ⅰ级应急响应

（1）市政府主要领导坐镇三防指挥部指挥全市人员安全转移和抢险救灾工作；召开紧急会议，进行紧急动员部署；市政府发出人员撤离紧急通知，要求各地全力做好人员安全转移工作，尽量减轻人员伤亡。

（2）广播、电视不间断播放风暴潮紧急警报或海啸警报消息和市政府关于人员撤离紧急通知，公安部门出动警车沿大街小巷播放风暴潮紧急警报或海啸警报消息和市政府关于人员撤离紧急通知，必要时由市长下令启用防空警报系统，使人民群众老少皆知，主动尽快撤离危险区域。

（3）驻汕部队、武警和民兵预备役：全力投入帮助群众做好安全撤离工作。

（4）市三防指挥部所有成员单位及有关部门：各司其职，各负其责，服从市政府和市三防指挥部统一调度指挥。

4.3　信息共享和处理

全市通过三防指挥系统实现防风暴潮、海啸信息共享、互联、互换。市三防指挥部通过传真、电话向省防总和市委、市政府报告。市三防指挥部成员单位通过会议、传真、电话、文本等方式交换信息，发布指令。

气象、水文部门通过计算机网络、传真、电话等方式向三防指挥部报告热带气旋信息和风暴潮情况，并及时通过新媒体播放台风信号和热带气旋动态。

加强防风暴潮和搜救工作的军地合作以及区域合作，如有必要，经有关部门批准后，可通过省三防总指挥部或其他部门沟通，争取台港澳和其他国家或地区援助。

4.4　新闻报道

宣传部门负责新闻报道工作。新闻报道程序化、规范化，以公开、透明、时效、有利为原则。内容包括热带气旋和风暴潮、海啸的信息、预警、防台风暴潮、海啸动员和措施、灾情、救灾复产等。新闻发布工作按《汕头市突发公共事件新闻发布应急预案》组织实施。

4.5　应急结束

应急响应级别改变后，原应急响应自动转入新启动的灾后复产工作。

根据气象部门热带气旋解除消息，发出通知宣告防风暴潮应急结束，转入救灾工作。Ⅰ级应急响应结束由市政府批准并公布；其他各级应急响应结束由市三防指挥部公布。

5　后期处置

5.1　善后处置

各级政府加强灾后救灾复产工作领导，组织救灾工作组赴灾区指导救灾工作。积极做好灾民的安置工作，确保灾民有水喝、有饭吃、有衣穿、有地方住，有病可以得到及时治疗。

财政予以适当补助，帮助灾民灾后重建家园；征用人工、物资按市场价格由财政补偿。卫生部门抓紧抢救伤病员，组织医疗队到灾区，加强检疫工作，预防病疫流行。民政部门慰问死难者家属等。

受灾地区迅速组织做好灾后复产工作，各相关部门尽快组织修复、维护受损毁的交通、供电、供水、通信、水利等设施。

5.2　社会救助

由民政部门按有关规定和程序实施政府救助。社会捐助由红十字会、民政等社会团体或单位负责。组织各行各业支援灾区恢复和发展生产。

5.3　保险

各级保险部门应积极宣传、动员各企、事业单位和家庭参加灾害保险并做好防灾防损工作；灾害发生后，及时做好灾区投保单位和家庭受灾损失的理赔工作。

5.4　调查和总结

三防部门负责灾情调查、收集、统计和核实，并向上级汇报灾情及抗灾行动实况。总结经验教训，完善应急预案，提高防风能力。

6　保障措施

6.1　通信与信息保障

6.1.1　任何通信运营部门都有依法保障防风工作信息畅通的责任。

6.1.2　以公用通信网为主的原则，利用汕头市电子政务网，补充、完善现有防汛通信专网，建立三防指挥系统通信分系统，并实现省、市各有关单位的计算机网络互连，公网和专网互为备用，确保防风通信畅通。堤防及水库管理单位必须配备通信设施。

6.1.3　通信部门建立防风暴潮、海啸应急通信保障预案，做好损坏通信设施的抢修，保证防台风暴潮、海啸通信畅通，并为防风暴潮、海啸现场指挥提供通信保障。

6.2　现场救助和工程抢险装备保障

飞机、船只、机械等搜救抢险设备由部队、公安、交通、水务等相关行业部门保障。

6.3 应急队伍保障

加强气象、水文等防风暴潮、海啸测报队伍的建设；尽快建立气象、水文专家库；加强各级三防办的建设。

充分发挥部队的海上救助队伍，发挥雷达、轮船、飞机等先进工具的海上搜救作用。

各级政府统一指挥，各部门各司其职、密切配合，区（县）、镇（街道）要组织以民兵为骨干的群众性抢险队伍，作为抢险救灾的主要先期处置队伍，各类专业应急队伍要作为本单位归口灾种的先期处置队伍，当发生职能范围内归口自然灾害时要第一时间赶赴现场进行相应抢险救灾工作。公安、消防、卫生、市政、电力专业抢险队伍是本地区自然灾害的基本专业抢险队伍，当出现自然灾害时要迅速组织，快速赶赴灾害现场。

6.4 交通运输保障

对防风暴潮指挥车给予免费优先通行。公安、交通部门，制定相应的防风暴潮预案，适时实行交通管制，保障防灾救灾的顺利进行。

6.5 医疗卫生保障

卫生防疫部门主要负责灾区疾病防治的业务技术指导，组织医疗卫生队赴灾区巡医问诊，负责灾区防疫消毒、抢救伤员等工作。

6.6 治安保障

原则由当地公安部门负责维护防灾抢险秩序和灾区社会治安，打击违法犯罪活动，确保灾区社会稳定。

6.7 物资保障

三防部门建立三防物资仓库，贮备足够数量的防风暴潮物资和器材，必要时也可征用社会物资。

6.8 经费保障

各级财政每年预留一定的防风暴潮、海啸专项经费，保证防风暴潮、海啸应急需要，并监督使用。经费由各级三防指挥部会同财政部门作出计划。

6.9 紧急避险场所

学校、剧院、礼堂、会议厅等公共场所可作为临时防风暴潮、海啸避险场所，由民政部门会同教育等部门负责。

7 宣传、培训和演习

利用电视、网络等媒体宣传防御风暴潮、海啸的知识，提高群众自我保护意识，各学校要利用宣传栏、黑板报和校内广播对学生进行防风暴潮和防海啸的教育。

8 附则

8.1 预案管理与更新

本预案由市三防办负责管理，并负责组织对预案进行评估。

8.2 奖励与责任追究

对防台风暴潮、海啸工作作出突出贡献的劳动模范、先进集体和个人，由市人民政府表彰并向省政府、国务院推荐表彰；对救灾抢险工作中英勇献身的人员，按有关规定追认为烈士；对防灾救灾工作中玩忽职守造成损失的，依据《中华人民共和国防洪法》、《中华人民共和国防汛条例》、《中华人民共和国公务员法》追究当事人的责任，并予以处罚，构成犯罪的，依法追究其刑事责任。

8.3 预案解释部门

本预案由汕头市三防指挥部办公室负责解释。

8.4 预案实施时间

本预案自印发之日起实施。

参 考 文 献

［1］ 宋英华．突发事件应急管理导论［M］．北京：中国经济出版社，2009.

［2］ 计雷，池宏，等．突发事件应急管理［M］．北京：高等教育出版社，2012.

［3］ 全国干部培训教材编审指导委员会组织编写．突发事件应急管理［M］．北京：人民出版社、党建读物出版社，2011.

［4］ 张乃平，夏东海．自然灾害应急管理［M］．北京：中国经济出版社，2009.

［5］ 徐晶，宋东辉．突发公共水危机事件应急管理［M］．北京：中国水利水电出版社，2007.

［6］ 诺曼．M．奥古斯丁．危机管理［M］．北京：中国人民大学出版社，2001.

［7］ 卢涛．应对突发事件能力［M］．北京：人民出版社，2005.

［8］ 范宝俊．中国自然灾害与灾害管理［M］．哈尔滨：黑龙江教育出版社，1998.

［9］ 樊运晓．应急救援预案编制实务——理论．实践．实例［M］．北京：化学工业出版社，2006.

［10］ 黄锦林，杨光华，等．广东沿海风暴潮灾害应急管理初探［J］．灾害学，2010（4），139－142.

［11］ 马志刚，郭小勇，等．风暴潮灾害及防灾减灾策略［J］．海洋技术，2011（2），131－133.

［12］ 赵领娣，王昊运，胡明照．中国沿海省市风暴潮经济损失风险区划研究［J］．海洋环境科学，2011（2），275－278.

［13］ 杨彩福，吴业强．华南沿海特大风暴潮统计分析［J］．广东气象，2011（1），37－39.

［14］ 林建生，吴文程，李静．汕尾沿海风暴潮灾害及其防御对策［J］．技术与市场，2012（10），179－180.

［15］ 贾良文，谢凌峰，等．风暴潮对广东省沿海港航设施影响及防护对策研究［J］．海岸工程，2012（3），55－64.

［16］ 曹康泰．灾害应急管理的法制建设［J］．中国减灾，2004（11），42－43.

［17］ 袁丽．建立符合我国国情的灾害应急管理体系［J］．城市与减灾，2004（4），10－12.

［18］ 故原．以人为本救灾减灾［J］．中国减灾，2001（3），32－34.

［19］ 刘春兰．风暴潮灾害评估研究分析［J］．山东气象，2012（1），24－26.

［20］ 林波．温带风暴潮灾害应急管理专家系统研究［C］．//中国科学技术学会．极端天气事件与公共气象服务发展论坛论文集，2012．